ERKENNE DEINE STÄRKEN

Donald O. Clifton (1924–2003) ist der Begründer des CliftonStrengths und der frühere Vorsitzende von Gallup. Von der American Psychological Association wird er als Vater der Stärkenbasierten Psychologie geehrt.

Gallup ist eines der weltweit führenden Markt- und Meinungsforschungsinstitute mit Hauptsitz in den USA und Vertretungen in 30 Ländern. Gallup erstellt Analysen und führt Umfragen zu verschiedenen internationalen Themen in 160 Ländern der Welt durch. Dabei betrachten die Meinungsforscher sowohl politische und wirtschaftliche Bereiche als auch Trends zu sozialen und gesellschaftlichen Themen. Die wohl bekannteste jährliche Umfrage ist die zur Zufriedenheit von Arbeitnehmern.

GALLUP

ERKENNE DEINE STÄRKEN

Der Strengthsfinder
für Studierende und
Berufseinsteiger

Aus dem Englischen von Friederike Moldenhauer

Mit
Zugangscode
zum *Clifton-
Strengths®
Assessment*

Campus Verlag
Frankfurt/New York

Die englische Originalausgabe erschien 2017 bei GALLUP PRESS unter dem Titel *CliftonStrengths for Students*.
© 2017 Gallup, Inc. All rights reserved

ISBN 978-3-593-51184-9 (Print)
ISBN E-Book 978-3-593-44452-9 (PDF)
ISBN E-Book 978-3-593-44453-6 (EPUB)

Das Werk einschließlich aller seiner Teile ist urheberrechtlich geschützt. Jede Verwertung ist ohne Zustimmung des Verlags unzulässig. Das gilt insbesondere für Vervielfältigungen, Übersetzungen, Mikroverfilmungen und die Einspeicherung und Verarbeitung in elektronischen Systemen. Die Beltz Verlagsgruppe behält sich die Nutzung ihrer Inhalte für Text und Data Mining im Sinne von § 44b UrhG ausdrücklich vor. Trotz sorgfältiger inhaltlicher Kontrolle übernehmen wir keine Haftung für die Inhalte externer Links. Für den Inhalt der verlinkten Seiten sind ausschließlich deren Betreiber verantwortlich.
Copyright © 2020. Alle deutschsprachigen Rechte bei Campus Verlag in der Beltz Verlagsgruppe GmbH & Co. KG, Werderstr. 10, 69469 Weinheim, info@campus.de.
Umschlaggestaltung: Guido Klütsch, Köln
Umschlagmotiv: © GALLUP PRESS
Satz: Publikations Atelier, Dreieich
Gesetzt aus: Minion und Scala
Druck und Bindung: Beltz Grafische Betriebe GmbH, Bad Langensalza
Printed in Germany

www.campus.de

Für alle Studierenden und Berufseinsteiger,
die ihre Stärken einsetzen möchten,
um die Welt besser zu machen

Inhalt

Teil I
Deine Ausbildung, deine Stärken, dein Weg 9
Das CliftonStrengths Assessment® 15
Die sechs wichtigsten Erfahrungen 23
Deine Stärken und Führungsqualitäten 41
Die Reise beginnt 47

Teil II
Die CliftonStrengths Talente in die Praxis umgesetzt 49
Analytisch 53
Anpassungsfähigkeit 57
Arrangeur 61
Autorität 65
Bedeutsamkeit 67
Behutsamkeit 71
Bindungsfähigkeit 75
Disziplin 79
Einfühlungsvermögen 83
Einzelwahrnehmung 87
Entwicklung 91
Fokus 95
Gleichbehandlung 99
Harmoniestreben 103

Höchstleistung	107
Ideensammler	111
Integrationsbestreben	115
Intellekt	119
Kommunikationsfähigkeit	123
Kontaktfreudigkeit	127
Kontext	131
Leistungsorientierung	135
Positive Einstellung	139
Selbstbewusstsein	143
Strategie	147
Tatkraft	151
Überzeugung	155
Verantwortungsgefühl	159
Verbundenheit	163
Vorstellungskraft	167
Wettbewerbsorientierung	171
Wiederherstellung	175
Wissbegier	179
Zukunftsorientierung	183
Dank	187
Literatur	189
Dein Zugang zum CliftonStrengths® Assessment	191

Teil I

Deine Ausbildung, deine Stärken, dein Weg

Kristen hatte sich viele Gedanken darüber gemacht, wo sie studieren und wie sie ihr Studium anpacken wollte. Sie besuchte verschiedene Unis und schaute sich einige davon sogar zweimal an. Schließlich entschied sie sich für ein großes College im Mittleren Westen, an dem auch ihr Bruder studierte. Außer ihm kannte sie dort niemanden.

Kristen setzte sich Ziele: neue Freunde finden, gezielt am Unileben teilhaben und endlich mal anfangen, »sich ein bisschen treiben zu lassen«. Allerdings hatte es noch nie zu ihren Stärken gehört, sich einfach mal treiben zu lassen. Aber sie hatte das Gefühl, sie müsste sich ändern, sie wollte in ihrem Leben weniger »kontrollieren« und in Zukunft »spontaner« sein, denn ihr Kontrollbedürfnis und ihre Zögerlichkeit betrachtete sie als Schwächen.

Während an der Uni die Orientierungswochen liefen, hatte Kristen die Möglichkeit, den Stärkentest von Gallup zu machen. Dem Ergebnis zufolge lauteten ihre fünf wichtigsten Talente Bedeutsamkeit, Disziplin, Einzelwahrnehmung, Fokus und Harmoniestreben. Kurz nach dem Test hatte sie einen Sprechstundentermin bei ihrem Professor Mike Miller. Im Gegensatz zu ihr betrachtete er Kristens »Kontrollbedürfnis« und ihre »geringe Spontaneität« nicht als Schwächen, sondern als Stärken.

»Mr. Miller ist für mich zu einem echten Mentor geworden«, erzählt Kristen. »Er hat mir wirklich geholfen zu erkennen, was ich am besten kann und wie ich das an der Uni umsetze.« Mr. Miller zufolge war es für Kristen nicht ungewöhnlich, dass sie daran arbeitete, die Dinge eher auf die leichte Schulter zu nehmen. Doch genau das hinderte sie daran, ihre Ziele zu erreichen.

»Ich habe angefangen, meinen Hang zur Disziplin als Plus zu sehen, nicht mehr als Nachteil. Nach dem Beratungsgespräch war mir klar, dass ich mich an der Uni engagieren und einen Beitrag leisten wollte. Deshalb habe ich mich schon im ersten Semester als Gruppenleiterin für die Orientierungswoche eingetragen.«

Beim Vorstellungsgespräch für die Gruppenleiter erklärte Kristen, wie wichtig regelmäßige Abläufe für sie seien, sie plane viel im Voraus und sei gern zuverlässig und für andere einschätzbar. Ohne die Begriffe aus dem Stärkentest zu verwenden, sprach sie über ihre Stärken, um darzulegen, dass sie für diese Aufgabe gewappnet ist. Überrascht war Kristen, dass die Dozentin sofort verstand, wovon sie sprach.

»Dann unterbrach sie mich, lehnte sich über den Tisch und fragte: ›Ihre Stärke ist Disziplin? Meine auch!‹ Auf sie traf wohl der Spruch »harte Schale, weicher Kern« zu. Sie erzählte mir, dass sie kaum lächeln würde. Allerdings huschte genau in dem Moment, als sie feststellte, dass wir Gemeinsamkeiten hatten, ein Lächeln über ihr Gesicht.« Kristen fährt fort: »Genau das machen die CliftonStrengths, man spricht dieselbe Sprache, man versteht sich und kommt anderen näher.«

Kristen wurde dann ins Gruppenleiterteam für die Orientierungseinheit aufgenommen. Sie engagierte sich außerdem in einem Studentinnenclub, lernte neue Leute kennen und kam in ihren Seminaren gut voran.

Schließlich wurde sie zur Vorsitzenden ihrer Studentinnenvereinigung gewählt. Aufgrund ihres Harmoniestrebens konnte sie dafür sorgen, dass sich verschiedene Gruppen einander annäherten und damit einige Probleme lösten, die in dem Verein herrschten. Später nutzte sie ihre Führungskompetenz, indem sie bei der campusweiten Einführung des Stärken-Assessments für alle Erstsemester mitmachte. »Ich war stolz auf meine einzigartigen Talente und überlegte nicht lange, ob ich bei Arbeitsgruppen mitmachen sollte, weil ich wusste, dass ich etwas Besonderes zu bieten hatte. Und es war in Ordnung, dass ich mich nicht so treiben lassen konnte wie andere Leute«, fügt Kristen hinzu. »Eigentlich habe ich mit der Zeit sogar gelernt, mich mit Leuten zusammenzutun, die meine Talente ergänzen und die mich in meinen Stärken noch bestärkten.«

Als Kristen ihr Examen machte, war aus der angespannten, unsicheren Erstsemester-Studentin eine sehr engagierte Persönlichkeit geworden. Nicht nur leitete sie Teams bei den Orientierungswochen und war in der Studienberatung tätig, sondern hatte einen Assistentinnenjob beim Dekan des Fachbereichs Humanökologie. In ihrer Freizeit war sie weiterhin als Vorsitzende ihrer Studentinnenvereinigung tätig und arbeite als Freiwillige in einem Hospiz. Darüber hinaus erhielt sie vom Dekan eine Auszeichnung für ihr Engagement für die Studierenden. Und schließlich machte sie ihr Examen summa cum laude.

Heute ist Kristen Führungskraft in einer Non-Profit-Organisation und leitet ihr Team mit einem stärkenbasierten Ansatz.

Stellen wir uns mal vor, was passiert wäre, wenn Kristen nicht ihren Stärken gefolgt wäre. Was wäre geschehen, wenn sie fortlaufend das Gefühl gehabt hätte, es sei nicht in Ordnung, »gern zu kontrollieren« und »unspontan« zu sein? Wie anders wäre ihr Leben verlaufen, hätte sie sich nicht so akzeptiert, wie sie ist?

Kristen hat etwas sehr Wichtiges gelernt: Kennen Studierende und Berufseinsteigerinnen und -einsteiger nicht nur ihre Stärken, sondern wenden sie auch praktisch an, hat das einen großen Einfluss auf ihr Leben. Nach Abschluss des Studiums oder der Ausbildung haben sie die besten Chancen. Untersuchungen von Gallup zeigen, dass Menschen, die jeden Tag ihre Stärken einsetzen, sich sechs Mal häufiger für ihre Aufgabe engagieren und mit einer drei Mal größeren Wahrscheinlichkeit ihre Lebensqualität als sehr hoch bewerten.

Wie Kristen festgestellt hat, ist ein Studium, eine Ausbildung oder ein neuer Job die Chance für einen Neustart.

Ungeachtet woher du kommst, wie alt du bist, wie und wer du in der Schule warst, fängst du etwas noch einmal ganz von vorne an. Und das kann wie ein Befreiungsschlag sein. Dadurch öffnet sich die Chance, Dinge zu lernen und persönlich zu reifen.

Wie Kristen hast du die Möglichkeit, deine eigene Geschichte zu schreiben. Wie soll sie lauten? Wenn du sie dir in Gedanken ausmalst, nimm das Ende vorweg: Wenn du mit der Ausbildung oder dem Studium fertig bist: Was willst du erreicht haben? Du hast auf deinem Karriereweg bereits die ersten Schritte gemacht. Wenn dir jedoch klar ist, wo deine Stärken liegen und in welchen Bereichen du am besten bist, dann kannst du dir die Zukunft deutlicher vorstellen.

Die Basis von Stärken bilden Talente, jene Gedanken-, Gefühls- und Verhaltensmuster, die sich im Laufe des Lebens kaum verändern, verlässlich bestehen und für jeden einmalig sind.

Kombinierst du deine Fertigkeiten und dein Wissen mit diesen Talenten, entwickeln sie sich zu Stärken. Im Studium und in der Ausbildung bekommst du jeden Tag die Chance zu entdecken, wie du an die Dinge herangehst. Lern daraus und nimm dir die Zeit, deine Erfahrungen zu reflektieren und daraus Schlüsse für die Zukunft zu ziehen. Dieses Wissen verändert alles, weil du feststellen wirst, welches unermessliche Potenzial in deinen Stärken steckt.

Aber um ein gutes Leben zu führen und das Beste aus der Ausbildung herauszuholen, ist noch etwas anderes nötig: Du musst dir wirklich vornehmen, deine Stärken in die Praxis umzusetzen. Das Wissen um deine Stärken und ihr Einsatz beeinflusst jeden Aspekt deiner Ausbildung. Aber zunächst **musst du dich selbst kennen und begreifen, dass du einzigartig, talentiert und motiviert bist.** Du musst also zuallererst deine Talente identifizieren, um zu erkennen, wo deine Stärken liegen.

Das CliftonStrengths Assessment®

Um zu erfahren, wo deine Stärken liegen, ermittelst du zunächst einmal deine Talente mit dem Onlinetest Clifton StrengthsFinder®. Den dazu nötigen individuellen Code findest du am Ende des Buches. Nachdem du den Test abgeschlossen hast, erhältst du einen Bericht mit deinen Top-5-Stärken (deine »typischen Motive«) sowie Zugang zu Materialien, die dir helfen, deine einzigartigen Talente besser zu verstehen.

Wenn du erst einmal weißt, was deine wichtigsten Talente sind, ist das der erste Schritt, um sie in Stärken zu verwandeln. Wenn du weißt, worin deine Top-5-Stärken liegen, schlag sie im zweiten Teil des Buches nach. Dort finden sich zu jedem Talent zahlreiche Anregungen, wie du es weiterentwickeln kannst. Fragen, Ideen und Vorschläge helfen dir, deine Talente in Stärken zu verwandeln.

Wenn du verstehst, wie du deine individuellen Stärken optimal nutzen kannst, wird sich deine Studienzeit oder deine Ausbildung, dein Berufseinstieg – und der Rest deines Lebens – glücklicher, erfüllter und erfolgreicher gestalten. Deswegen entwickeln wir unsere Stärken. Vielleicht ist das das Nützlichste, das du jemals lernen wirst.

Philosophie der Stärke

Du bist anders als die anderen Leute, die mit dir im selben Zimmer sitzen. In der Tat bist du so einzigartig, dass die Wahrscheinlichkeit, dass du mit einer anderen Person dieselben Top-5-Stärken hast, 1 zu 275 000 beträgt. Die Wahrscheinlichkeit, dass bei euch diese Stärken in *exakt derselben Reihenfolge* auftreten, liegt bei 1 zu 33 Millionen.

Aufgrund deiner Talente und Motive, deiner Erfahrungen und deinem Umgang mit deiner Umwelt siehst du das Leben auf deine ganz persönliche Weise. Viele sind der Meinung, sie müssten wie eine andere Person sein, sei es ein Promi, jemand, der unglaublich viel Erfolg hat, oder jemand, den sie kennen und bewundern. Aber jeder Versuch, so sein zu wollen wie jemand anderes, ist zum Scheitern verurteilt. Der Weg zum Erfolg besteht darin, noch mehr zu der Person zu werden, *die du bereits bist*.

Wer du bist – das ist ein Geschenk, das dir bei deiner Geburt zuteilwurde. Du kommst mit einer Reihe Talente zur Welt, die außer dir niemand hat. Um deine einzigartigen Talente in Stärken zu verwandeln, sind Fertigkeiten, Wissen, gezielte Anstrengung und reflektiertes Handeln nötig. All das solltest du auf die Aspekte anwenden, die dir wichtig sind. Erfolg ist Interpretationssache, aber jeder Mensch erreicht seine Version von Erfolg, indem er seine Stärken voll ausbildet und sie anwendet. Das belegen Ergebnisse aus fast 70 Jahren Forschung.

In den frühen 1950er Jahren lehrte Don Clifton Psychologie an der University of Nebraska, wo er auch forschte. Ihn interessierte, wie die Psychologie an die Frage heranging, was mit den Menschen *nicht* stimmte. Das geschah auf verschiedene Weisen: medizinisch, psychologisch und sozial. Doch gab es nur wenige Methoden, mit der die Wissenschaft beschreiben konnte, was im Leben des Einzelnen *positiv* war.

Clifton konzentrierte seine Forschung darauf, warum einige Personen herausragende Leistungen auf ihrem Gebiet erreichten und andere nicht. In einem Projekt mit Studierenden, die sich bei einem Ausbildungsprogramm der US-Streitkräfte eingeschrieben hatten, erforschte er Mitte der 1950er Jahre, welche Faktoren erfolgreiche Menschen gemeinsam hatten. Die Studie wurde über die Jahre immer umfangreicher, und 1998 nahm sich Clifton, damals der Vorsitzende von Gallup, vor, allgemeinverständliche Begrifflichkeiten für die Talente und Motive zu entwickeln, um zu beschreiben, was Menschen gut gelingt.

Daraufhin werteten die Wissenschaftler bei Gallup all ihre Datenbestände aus, bestehend aus über 100 000 Interviews, in denen es um Talente ging. Das Ziel war, in den Antworten Muster zu erkennen. Sie untersuchten spezielle Fragen, die Gallup in seinen Studien Angehörigen verschiedenen Berufsgruppen gestellt hatte: Unter anderem waren das erfolgreiche Führungskräfte, Verkäufer, Kundenberaterinnen, Lehrerinnen, Ärzte, Rechtsanwältinnen, Studierende und Pflegepersonal.

Daraus extrahierten Clifton und die Wissenschaftler von Gallup 34 Talente. Sie entwickelten die erste Version des CliftonStrengths Assessment, um diese speziellen Talente zu erheben. Beim Erscheinen dieses Buches haben bisher 16 Millionen Menschen diesen Test gemacht. Die American Psychological Association verlieh Clifton die Auszeichnung »Gründer der Stärkenbasierten Psychologie«.

Doch im Prinzip werden mit CliftonStrengths keine Stärken gemessen, sondern Talente. Der Test heißt »CliftonStrengths«, nicht »CliftonTalente«, denn eigentliches Ziel ist es, eine wahre Stärke zu entwickeln, für die Clifton zufolge ein Talent die Grundvoraussetzung ist.

Aus diesem Grund umfasst der Test keine Fragen zu deiner Schulbildung, bisherigen Abschlüssen oder deinem Lebenslauf. Genauso wenig geht es um deine Fertigkeiten, sei es ob du fließend Französisch sprichst, Webseiten bauen oder einen Motor reparieren kannst. Zwar sind Fähigkeiten und Fertigkeiten und regelmäßige Umsetzung in die Praxis wichtig, aber am nützlichsten sind sie erst dann, wenn sie die Talente verstärken, die du bereits hast.

Zwar verändern sich Menschen mit der Zeit, und auch Persönlichkeiten entwickeln sich, aber im Laufe des Erwachsenenalters bleiben die wichtigsten Persönlichkeitsmerkmale ebenso wie Leidenschaften und Interessen relativ stabil. Schon in einem frühen Alter, so die Forschung, sind bereits Ansätze einer Persönlichkeit zu entdecken. Eine Längsschnittstudie aus Neuseeland, die 1 000 Kinder 23 Jahre lang begleitete, ergab, dass die an Dreijährigen beobachteten Persönlichkeitsmerkmale denen bemerkenswert ähnlich waren, die die Erwachsenen im Alter von 26 Jahren zeigten. CliftonStrengths ermittelt daher Talente, weil sie sich im Laufe eines Lebens nicht wesentlich verändern.

Fähigkeiten, Fertigkeiten und Übung sind ebenso wie Talente wichtige Faktoren für die Stärkenbilanz. Im Studium, in der Ausbildung oder am Arbeitsplatz eignest du dir Fertigkeiten und Wissen an. Ergänzt du deine Talente mit diesen Aspekten, sodass du bei einer bestimmten Tätigkeit fast Perfektion erreichst, dann hast du eine Stärke entwickelt. Und indem du deine Stärken anwendest und noch weiter perfektionierst, schöpfst du dein Potenzial vollkommen aus.

Um aus Talenten Stärken zu machen, bedarf es Übung und Anstrengung. Das ist wie mit dem Aufbau von Muskelkraft: Hast du beispielsweise ein Talent fürs Laufen, führt mehr Training dazu, dass du deine Leistung immer mehr steigerst. Menschen mit einem geringeren sportlichen Talent als du können dieselben Trainingskilometer abreißen, aber sie werden nicht schneller werden. In den 1950er Jahren wurde bei Zehntklässlern untersucht, wie schnell sie lesen konnten. Die Wissenschaftler fanden heraus, dass Übung bei jedem der Teilnehmenden die Leserate Wörter pro Minute verbesserte. Aber diejenigen Schulkinder, die bereits schnell lesen konnten (300 Wörter pro Minute zu Beginn der Studie), steigerten sich deutlicher (2 900 Wörter pro Minute am Ende der Studie) als die anderen. Alle Schülerinnen und Schüler verbesserten ihre Leistung, doch das Üben brachte diejenigen, die von vornherein ein Talent zum Schnelllesen hatten, deutlicher voran.

Bezüglich deiner Talente werden Wissen und Übung dazu führen, dass du nicht nur gut, sondern großartig sein wirst. Allerdings gibt es eine Obergrenze dessen, was man erreichen kann. Jeder Mensch hat Talent, aber niemand ist auf allen Gebieten talentiert. Versuchst du dein Leben lang, überall gut zu sein, wirst du auf keinem Gebiet herausragende Leistungen erzielen. Viele Studien- und Arbeitskolleginnen und -kollegen – und die Gesellschaft im Allgemeinen – befürworten Vielseitigkeit. Sie glauben, wenn man sich nur genug Mühe gibt, dann kann man alles meistern. Aber das stimmt nicht.

Der Versuch, auf allen Gebieten gut zu sein, führt am Ende nur zu Mittelmäßigkeit. Du kannst eine Sache nur meistern, in der du von Natur aus gut bist, aber wenn es um etwas anderes geht, für das dir das Talent fehlt, dann wird deine Leistung auf diesem Gebiet höchstens okay sein. Versuchst du, eine bestimmte Sache sehr gut zu beherrschen und vielseitig zu sein, vernachlässigst dabei aber deine Talente, verschwendest du deine Zeit. Unter den Führungskräften, die Gallup untersucht hat, waren diejenigen, die versuchten, auf möglichst vielen Gebieten gut zu sein, sogar insgesamt am wenigsten effektiv.

Es reicht nicht nur aus zu wissen, wo die eigenen Talente liegen, sondern man muss sich auch klar darüber werden, wo die Schwächen sind, um seine Energie auf die richtigen Ziele konzentrieren zu können. Wir definieren Schwäche so: Schwäche ist etwas, das deinem Erfolg im Weg steht. Sich darüber im Klaren sein, wo die eigenen Schwächen liegen, kann einem helfen, Hindernisse zu umgehen.

Wenn du vielleicht herausgefunden hast, dass es dir nicht so leichtfällt, dich um Details zu kümmern, kannst du eine Lösung suchen, bei der es auf Kleinigkeiten nicht so ankommt. Die Frage lautet also, ob du dich überhaupt um diesen Bereich deiner Schwäche kümmern musst. Wenn du Aufgaben vermeiden kannst, bei denen Details wichtig sind, dann solltest du das tun.

Natürlich können es sich die meisten Menschen nicht leisten, Aufgaben, die sie nicht so gut können, einfach zu ignorieren. Wenn du dich also um Details kümmern musst, überlege dir, wie du dir die Aufgabe systematisch erleichtern kannst – etwa mit Checklisten –, oder richte dir einen Reminder auf dem Handy ein. So managst du deine Schwäche und bleibst auf der Spur.

Eine alternative Strategie besteht darin, dir die Unterstützung von Menschen zu holen, die Talent auf dem Gebiet haben, das dir weniger liegt. Tyler beispielsweise hat wenig Geschick, andere in Aktivitäten einzubeziehen, was eine Stärke des Talentbereichs Integrationsbestreben ist. Geht es darum, eine Arbeitsgruppe zusammenzustellen, rennt Tyler los, holt die Leute ran, ohne zu überlegen, wer alles dabei sein sollte. Das führt dazu, dass er manchmal Teammitglieder vergisst. Tyler hat begriffen, dass er Partner braucht, die ganz selbstverständlich andere miteinbeziehen. Sie helfen ihm, auch diejenigen zu berücksichtigen, die er übersehen hätte – gerade die Menschen, die vielleicht am Ende die Gruppe noch besser machen.

Es sollte außerdem in deinem Interesse liegen, auch die blinden Flecken zu beachten, die sich durch deine Talente ergeben. Susans Talent besteht in Autorität. Sie läuft aber manchmal Gefahr, dass sie nicht mitbekommt, welchen Schaden sie anrichtet, wenn sie Tag für Tag dafür sorgt, dass alle anstehenden Aufgaben erledigt werden. Ein anderes Beispiel ist Caspian, dessen Talent besonders in der Gleichbehandlung liegt. Möglicherweise fokussiert er sich so darauf, dass alle Arbeitsschritte gleich ablaufen, und verbeißt sich in den Prozess, dass er das übergeordnete Ziel aus den Augen verliert. Während die Talente von Susan und Caspian sie befähigen, große Leistungen zu erzielen, können ihre blinden Flecken dazu führen, dass sie einen Tunnelblick haben und nicht alle Aspekte berücksichtigen.

Die 34 CliftonStrengths Talentthemen decken ein großes Spektrum ab, sie werden allgemeinverständlich beschrieben. Allerdings berücksichtigen sie nicht jede einzelne Nuance der individuellen Persönlichkeiten. Die Finessen von Talenten und wie sie sich zeigen, unterscheiden sich individuell sehr. Beispielsweise kann bei dir und deinen Freunden das Talent Wissbegier unter den ersten fünf sein, doch bei jedem drückt sich diese Neigung anders aus. Eine Freundin sättigt ihren Wissensdurst vielleicht durch Lesen, ein anderer Freund durch praktische Tätigkeiten und der dritte im Gespräch mit anderen. Die Feinheiten jedes Talents in der jeweiligen Situation lassen sich durch Instrumente nicht erfassen, doch bietet der CliftonStrengths Onlinetest die beste und präziseste Erklärung für Talente und Motive.

Wie bereits erwähnt, haben 16 Millionen Personen den Test CliftonStrengths gemacht, während Gallup Tausende Organisationen weltweit dabei unterstützt hat, ihre Aktivitäten auf Stärken auszurichten. Das wesentliche Merkmal eines stärkenbasierten Unternehmens besteht darin, die Stärken der Mitarbeitenden mit ihren Positionen abzustimmen. Je mehr Menschen ihre Stärken mit ihrer Arbeit in Deckung bringen können, desto engagierter verfolgen sie ihre Karriere. Dasselbe gilt für die Universität und Ausbildung. Je mehr du deine Stärken mit der Uni oder der Ausbildung abstimmst, desto besser kannst du dich dort einbringen und desto mehr wirst du lernen.

Aber um sich zu engagieren, muss man Teil einer Gruppe sein. Zu einer gelungenen Uni- oder Ausbildungszeit gehört, bei Arbeitsgruppen mitzumachen, neue Leute kennenzulernen und Studienberater und Professorinnen zu suchen, die dir Interesse entgegenbringen. Genauso wichtig ist es, dabei deine Finanzen nicht aus dem Blick zu verlieren und das, was du im Seminar oder in der Ausbildung lernst, umzusetzen. Um auf all diesen Gebieten erfolgreich zu sein, ist es wichtig zu wissen, was dich so einzigartig und toll macht – du musst deine Stärken kennen. Setzt du deine Stärken dafür ein, das Leben in der Uni und am Ausbildungsplatz positiv zu gestalten, dann wirst du Erfahrungen machen, die dich für immer verändern.

Die sechs wichtigsten Erfahrungen

Was bedeutet aus Studierendensicht positive Erfahrung an der Uni, oder was glauben Azubis, wovon sie in der Ausbildungszeit profitieren? Gallup und Wissenschaftler der Purdue University begannen 2014 der Frage nachzugehen, welchen Einfluss dieses Thema auf das spätere Leben der Befragten hat. Es wurden mehr als 30 000 US-amerikanische Collegeabsolventen untersucht. Im sogenannten Gallup-Purdue-Index werden Hochschulabgänger nach ihrer Einschätzung ihrer ersten zwei Studienjahren befragt und wie diese mit ihrem späteren beruflichen Engagement und der Qualität ihres Arbeitsplatzes zusammenhängen.

Der Gallup-Purdue Index ermittelt sechs wichtige Erfahrungen, die Studierende an der Uni machen und die einen einschlägigen Einfluss auf ihre spätere Arbeit haben. Diejenigen Hochschulabsolvierenden, die alle der »big six« Erfahrungen gemacht hatten, das waren im Mittel 65 Prozent, engagierten sich an ihrem Arbeitsplatz. Von den Absolventen, die keine der sechs Erfahrungen gemacht hatten, engagierten sich nur 25 Prozent in ihrem Job.

Die sechs wichtigsten Erfahrungen

1. Es gab mindestens eine Lehrperson, die dich für das Lernen begeisterte.
2. Es gab Dozentinnen und Dozenten, die dir als Person Interesse entgegenbrachten.
3. Es gab einen Mentor oder Studienberater, der dich in deinen Zielen und Träumen bestätigte.
4. Du hast an einem Projekt mitgearbeitet, das mindestens ein oder mehr Semester dauerte.
5. Du hattest einen Praktikumsplatz oder Job, an dem du das anwenden konntest, was du in der Uni gelernt hast.
6. Du hast dich bei Arbeits- und in Studentengruppen engagiert.

Die sechs wichtigsten Erfahrungen: Kontakt zu Mentoren und anderen

Die ersten der sechs wichtigen Erfahrungen basieren auf Beziehungen zu anderen Personen. Dennoch unterschätzen viele die Bedeutung der Beziehungen zu ihren engsten Vertrauten und wie sehr Sozialbeziehungen das Unileben, akademischen Erfolg und das Zugehörigkeitsgefühl bestimmen. Wie du dein Leben wahrnimmst, wird von den Menschen, die du kennst und liebst, wesentlich beeinflusst. Daher prägen sie dein Wohlergehen in deiner Studien- oder Ausbildungszeit.

1. Erfahrung: Es gab mindestens eine Lehrperson, die dich für das Lernen begeisterte.

Im Nachhinein betrachtet, waren ihre Freundschaften und Beziehungen das Wichtigste in der Unizeit, das geben Hochschulabgänger an. Doch die Menschen, die dabei die größte Rolle gespielt haben, waren nicht etwa ihr Freundeskreis (obwohl der natürlich auch wichtig war), sondern ihre Dozenten oder Professorinnen. Die erste der sechs wichtigen Erfahrungen ist, eine Lehrkraft zu haben, die einen für ein Thema begeistert. Das kann ganz unabhängig von deinem Hauptfach sein, denn die Person ist wichtiger als der behandelte Stoff. Das Entscheidende ist, dass es ihr gelingt, dass du dich auf das Seminar freust, dass die Unterrichtszeit wie im Fluge vergeht und dass du außerdem so viel Ideen zum Nachdenken bekommst, dass dir das Lernen eher als Spaß denn als Arbeit vorkommt. Selbst wenn der Forschungs- oder Arbeitsschwerpunkt dieser Person nichts für dich ist, geht es darum, dass dir eine Lehrende vermittelt, wie viel Spaß das Lernen machen kann.

2. Erfahrung: Es gab Dozentinnen und Dozenten, die dir als Person Interesse entgegenbrachten.

Gibt es eine Lehrkraft, deren Unterrichtsstil dich zum Lernen inspiriert, die dir sinnvolles Feedback gibt und die du ein wenig besser kennst? Einen oder mehrere Dozentinnen oder Professoren besser kennenzulernen, kann eine bereichernde Erfahrung sein und dir auf lange Sicht nützen. In den seltensten Fällen haben Lehrkräfte ein Interesse daran, ihre Studierenden häufiger zu treffen, daher ist dein Engagement gefragt, interessierte Dozenten ausfindig zu machen und sie eingehender kennenzulernen. Die langfristigen Effekte sind weitreichender, als du glauben magst. Eine Expertin, der du als Mensch am Herzen liegst, kann dir dabei helfen, deine Stärken auf deinem Interessensgebiet auf ungewöhnliche Weise zu nutzen.

> **3. Erfahrung:** Es gab einen Mentor oder Studienberater, der dich in deinen Zielen und Träumen bestätigte.

Ein Mentor oder eine Mentorin kann ein Professor, jemand aus der Universitätsverwaltung oder deine Chefin sein. Normalerweise ist es eine Person, die über mehr Lebenserfahrung und eine umfassendere Perspektive als du verfügt. Die besten Mentorinnen und Mentoren geben dir brauchbare Ratschläge und inspirieren dich dazu, *deinen* Zukunftshoffnungen für *dein* Leben zu folgen. Passend zu deinen Stärken und Plänen begleiten sie dich auf deinem individuellen Weg. Wenn du in dein Berufsleben startest, sind ihre Hinweise und ihre Ermunterung von unschätzbarem Wert.

Die ersten drei der sechs wichtigen Erfahrungen zeigen, dass diejenigen Berufseinsteiger, die in ihrer Karriere und im Leben erfolgreich sind, bereits an der Uni oder in der Ausbildung bedeutsame Beziehungen hatten: Vertrauenspersonen, jemand, der sie in ihren Träumen bestätigte, und mindestens einen Professor, der sich für sie interessierte und sie für das Lernen begeisterte. Die Menschen, zu denen du während der Unizeit oder Ausbildung eine Beziehung aufbaust, könnten dich dein ganzes Leben lang beeinflussen.

Ständig beschäftigen sich Wissenschaftler mit dem Thema, in welchem Maße Beziehungen unsere Erwartungen, Wünsche und Ziele beeinflussen. Meistens bekommt man sehr schnell mit, wie es dem Gegenüber geht. Einer Studie von Harvard zufolge steigt die Wahrscheinlichkeit, dass du fröhlich bist, um 15 Prozent, wenn du unmittelbaren Kontakt zu jemanden aus deinem sozialen Netzwerk hast, der ebenfalls fröhlich ist. Ist eine Freundin dieser Person zufrieden, dann steigt die Wahrscheinlichkeit, dass auch du zufrieden bist, um 10 Prozent, sogar, wenn du gar keinen direkten Kontakt zu dieser Freundin hast. Die Freunde deiner Freunde haben also einen Einfluss auf dich und umgekehrt. Dasselbe gilt für deine Professoren, Ausbildende, Mentorinnen und andere aus deinem sozialen Umfeld.

Im Allgemeinen ist es auch gut für deine Gesundheit, enge Freundschaften und gute Beziehungen zu Mentoren zu pflegen. In schwierigen Zeiten sorgen Freundschaften dafür, dass du durchhältst. Sie verbessern die Funktion deines Herz-Kreislauf-Systems und verringern dein Stressniveau – das ist besonders wichtig während der Abschlussprüfungen oder des Examens. Auf der anderen Seiten leiden Menschen, die nur wenige sozialen Bindungen haben, unter einem doppelt so hohen Risiko, an einem Herzleiden zu sterben. Außerdem bekommen sie doppelt so häufig Erkältungen, obwohl sie weniger Sozialkontakte haben und damit entsprechend weniger Bakterien ausgesetzt sind.

Einige Studis und Azubis glauben allerdings, nur das Lernen sei wichtig, und konzentrieren sich nur darauf. Der Kursraum oder der Hörsaal ist schließlich das Zentrum der Ausbildung – nur hier entscheidet sich, ob sie vorankommen oder versagen. Aber wie gut du dich in dieser Lebensphase schlägst, hängt nicht allein von deinen Noten ab.

Es ist wichtig, sich nicht nur in deinen Büchern zu vergraben, sondern auch etwas mit anderen zu unternehmen. Wenn du später an dein Studium zurückdenkst, dann werden dir die Menschen ins Gedächtnis kommen, die Dozenten, Ausbilderinnen und Freunde, die du in dieser Zeit gewonnen hast.

Wenn dich also deine Mitbewohnerin fragt, ob du Freitagabend mit ins Konzert gehst – mach es. Frag deinen Tutor, ob er Zeit für einen Kaffee hat. Finde eine Vertrauensperson, die dich darin berät, wie du mit deinen Stärken ans Ziel kommst.

Gestalte deinen Freundeskreis und arbeite an deinem Netzwerk. Es kommt darauf an, wie viel Zeit du mit anderen verbringst. Studien zufolge haben Menschen, die so gut wie keinen Sozialkontakt haben, eine 50-prozentige Chance, dass ihr Tag positiv oder negativ verläuft. Jedoch reduziert jede Stunde, die man mit anderen verbringt, die Gefahr, dass man einen schlechten Tag hat. Aus den Daten geht hervor, dass man mindestens sechs Stunden lang mit anderen Menschen zusammen sein sollte, damit dieser Tag ein sehr guter wird. Diese sechs Stunden umfassen alle sozialen Interaktionen: Unterhaltung mit Kommilitonen, Arbeitskolleginnen und Freundinnen, E-Mails und SMS lesen und schreiben, aber auch der Smalltalk mit der Barista, die dir deinen Cappuccino zubereitet, zählt dazu.

Um aufzublühen ist es wichtig, Zeit mit anderen zu verbringen und zumindest eine enge Bezugsperson zu haben. Berücksichtige diesen Gedanken, wenn du dein Studium oder die Ausbildung planst. Und Freundschaften können zusätzlich zum Erfolg beitragen.

Gallup hat in einer Studie herausgefunden, dass Menschen, die mindestens drei oder vier enge Freundinnen oder Freunde haben, gesünder sind und mehr Erfolg im Beruf haben. Fehlen diese engen sozialen Bindungen, kann das zu Langweile, Einsamkeit und Depressionen führen.

Das sind die Gründe, warum einige Studierende den Studienort wechseln. An der neuen Uni, so glauben sie, fällt es ihnen leichter, Freunde zu finden. Aber eigentlich ist es so, dass du unabhängig vom Studien- und Ausbildungsort die Fähigkeit brauchst, Freundschaften zu schließen, die dir etwas bedeuten, indem du deine individuellen Talente und Stärken einsetzt.

Arun ist im dritten Semester und hat nur einen kleinen Freundeskreis – bewusst. Ihm ist es wichtiger, zu seinen Freunden ein enges und offenes Verhältnis zu haben, als eine Vielzahl oberflächlicher Freundschaften zu pflegen. Das führt er auf sein Talent Bindungsfähigkeit zurück. Die Freunde, die er hat, kennen ihn wirklich gut. Das war schon immer so. »Aber es wurde mir erst bewusst, dass das ein Muster war«, erklärt er, »als ich mit jemand anderem in eine Studenten-WG zog. Mein Talentthema Bindungsfähigkeit sorgt dafür, dass ich mich von Menschen angezogen fühle, die ich bereits kenne. Ich mag lieber Zeit mit engen Freunden verbringen als mit Bekannten. Ich glaube, ich habe gedacht, das ginge jedem so. Wer würde *nicht* seine engsten Freunde irgendwelchen Leuten vorziehen? Aber ich kam ins Grübeln, als ich meinen WG-Genossen besser kennenlernte.«

Arun hatte Gelegenheit, bei einem Stärken-Coaching teilzunehmen, wie es auch Kristen an ihrer Uni gemacht hatte. »Erst da habe ich begriffen, dass mein Verhalten wirklich ein Talent darstellt und dass es meine Entscheidungen beeinflusst«, erinnert sich Arun. »Dann gab die Professorin, in deren Seminar ich war, bekannt, dass sie Gruppenprojekte auf der Grundlage der Stärken durchführen würde. Deshalb fing ich an, darüber nachzudenken, wie sich meine wichtigsten Talente in der Projektarbeit auswirken würden.« Arun sprach mit einem Studienberater, der ihm Hinweise gab, wie er seine Stärken im Studium einsetzen könnte.

»Bei einer Rede berichtete der Universitätspräsident, dass eine seine Stärken in der Einzelwahrnehmung läge und dass er jeden von uns als Individuum wahrnehme. Er ermunterte uns, unseren jeweiligen Weg zu gehen, und gab den Rat, darauf zu achten, welche besonderen Stärken wir hätten. Diese sollten wir bei allem, was wir machten, nutzen – Uni, Arbeit, Beziehungen zu anderen, alles.« Arun fährt fort: »Ziemlich schnell stellte ich fest, dass allein die Tatsache, dass ich mir über meine Talentthemen im Klaren war, dazu führte, dass ich bedachter handelte. Ich habe begriffen, was mir meine Freundschaften bedeuten, ich pflege sie noch bewusster, und seitdem sind sie noch intensiver geworden.«

Heute formuliert Arun sein Talent Einzelwahrnehmung so: Seine engen Freundschaften sind wie die Speichen eines Rades – sie halten sein Leben in der Balance. Sein Vater stellt ihm immer tiefgründige Fragen und spornt ihn an. Seine Freundin sorgt dafür, dass er mehr unternimmt, als er es alleine tun würde. Und seine Freunde aus der Clique unterstützen sich gegenseitig bei finanziellen Problemen, Liebeskummer, wenn jemand krank ist oder Hilfe bei seinen Seminaren braucht. Mit einem Professor hat Arun ein enges Verhältnis, der Prof geht auf seine Fragen und Sorgen ein, und seine Studienberaterin hilft ihm, seine Zukunft und welche Scheine er dazu braucht, zu planen.

»Es ist mir aufgefallen, dass ich mich auf ein Netzwerk von Leuten verlassen kann, denn eine einzelne Person kann nicht alle Rollen erfüllen«, stellt Arun fest. »Aber ich bekomme nicht unbedingt das zurück, was ich in Freundschaften gebe.« Aber das ist nicht ungewöhnlich: Mehr als 80 Prozent der von Gallup befragten Studienteilnehmer geben an, dass sie in ihre engsten Freundschaften mehr investieren, als sie zurückbekommen.

Wie Arun feststellte, besteht der Schlüssel zu guten Beziehungen darin zu schauen, was jeder Freund, Ansprechpartnerin oder Professorin individuell geben kann, anstatt all das von einer einzigen Person zu erwarten.

Die wichtigsten sechs Erfahrungen:
Ausbildung

> **4. Erfahrung:** Du hast an einem Projekt mitgearbeitet, das mindestens ein oder mehr Semester dauerte.

Versuch dich daran zu erinnern, wie es war, als du in der Grundschule warst und dich der Unterricht nicht so richtig interessierte. Vielleicht hast du die Uhr über der Tafel angestarrt oder du hast einfach in die Gegend geglotzt. Vielleicht hast du sehnsüchtig auf das Klingeln der Schulglocke gewartet, damit du aufstehen und in die Pause gehen konntest.

Vergleiche dieses Erlebnis nun mit einem Fach, dass du toll fandst. Die Lehrerin war aufmerksam, engagiert und es machte ihr Spaß, euch etwas beizubringen. Der Unterricht und die Inhalte passten perfekt zu deinen Stärken und deiner Persönlichkeit. Alles, was ihr lernen musstet, fandst du prima. Du bemerktest gar nicht, wie schnell die Zeit verflog. Auf diesen Unterricht hast du dich sogar richtig gefreut.

Welches Fach war das? Wie hast du dich während des Unterrichts gefühlt?

Es ist wichtig, sich darüber klarzuwerden, welches Fach das war, in dem du ganz aufgegangen bist. Der Psychologe Mihaly

Csikszentmihalyi prägte den Begriff »Flow« für das Phänomen, das auftritt, wenn du einer Aktivität nachgehst, die dir so sehr gefällt, dass du das Zeitgefühl verlierst.

Flow erlebt man, wenn man bei einer Aufgabe das Gefühl hat, herausgefordert zu werden, den Anforderungen jedoch gewachsen zu sein. Man kann sich Flow auch als das Gefühl vorstellen, wenn man völlig in einer Sache aufgeht. Alles passt. Du hast eine Superleistung erbracht, ohne genau zu wissen, wie du es geschafft hast, und hinterher erfüllt dich ein Gefühl tiefer Zufriedenheit. Bei Menschen, die ihre Stärken entwickelt haben und die in einer Umgebung arbeiten, in der sie ihre Talente einsetzen können, treten Flow-Erlebnisse mit großer Wahrscheinlichkeit auf.

Denk noch einmal an den Unterricht in der Grundschule oder an eine andere Gelegenheit zurück, bei der du Flow erlebt hast – wenn deine Stärken genau der Tätigkeit entsprachen, mit der du dich beschäftigt hast, sodass du das Zeitgefühl verloren hast.

Um sich wirklich in der Ausbildung oder im Studium zu engagieren, sind Leidenschaft für das Thema und die Möglichkeit, deine Stärken einzusetzen, entscheidend.

Bevor du dich für deine Kurse oder Seminare entscheidest, stelle dir folgende Fragen:

1. Kann ich in diesem Fach meine Talente anwenden?
2. Kann ich meine Stärken bei einem längeren Projekt einbringen?

Wenn du die Fragen nicht beantworten kannst, ist es Zeit, mehr Informationen über den Stoff und die Unterrichtsmethoden einzuholen. Beantwortest du beide Fragen mit »Nein«, frage dich, warum du dich für den Kurs einschreiben wolltest. Die Chance, dich ein oder zwei Semester mit einem Projekt zu beschäftigen, bei dem du deine Talente einbringen kannst, kann deine Sicht auf deine Ausbildung und dein Engagement dabei radikal verändern.

Vergiss nicht, dass du die Welt durch die Brille deiner individuellen Talente siehst. Ist zum Beispiel das Talent Bindungsfähigkeit unter den ersten fünf, suche dir ein langfristiges Projekt, in dem Diskussionen in Kleingruppen eine Rolle spielen. Ist es Verantwortungsgefühl, stelle sicher, dass die Erwartungen an das Projekt und die Ergebnisse vorher festgelegt worden sind. Ist das Talent bei dir etwa Kontaktfreudigkeit und Kommunikationsfähigkeit, suche dir eine Aufgabe, bei der es wichtig ist, zu kommunizieren und sich miteinander auszutauschen. In Kursen, die mit deinen Talenten übereinstimmen, kannst du glänzen, und sie erleichtern es dir, dich bei Projekten zu engagieren. Darüber hinaus sind diese Seminare eine gute Startposition für deinen späteren Berufserfolg.

Jedoch sind für alle Uniabschlüsse und Ausbildungsprüfungen Voraussetzungen zu erfüllen, die nicht unbedingt mit deinen Vorlieben und Talenten übereinstimmen und die dir nicht gefallen werden. Aber auch die schaffst du, wenn du dich deiner Talente besinnst und andere um Hilfe bittest. Und du wirst vielleicht auch aus dieser Erfahrung sogar etwas lernen.

Dafür ist Anson ein Beispiel, der sich vor seinem Logikseminar fürchtete.

»Ich mache meinen Abschluss in Bildender Kunst, aber meine Prof sagte, sie würde mich erst zum Examen zulassen, wenn ich ein Seminar in Logik belegt hätte.« Anson macht eine Pause. »Das fand ich total bescheuert. Ich habe mein ganzes Leben überstanden, ohne zu wissen, was ein Syllogismus ist. Warum sollte ich jetzt meine Zeit und damit auch Geld verschwenden?« Weil es von ihm verlangt wurde, belegte Anson das Seminar, und er hasste es genauso sehr, wie er es schon vermutet hatte. Also besann er sich auf seine Talente, um diesen Kurs durchzustehen.

Ansons Stärke war Fokus. Er nutzte sie, um sich auf die Aufgaben zu konzentrieren, die er langweilig und ewig gleich fand. Und mit jeder Aufgabe kam er einen kleinen Schritt voran.

Mit dem zweiten Talent war noch nicht mal er gesegnet, sondern eine Kommilitonin von ihm. »In der Orientierungsphase lernte ich eine Studentin kennen, die als größte Stärke Positive Einstellung hatte. Als ich sie in dem Logikseminar wiedertraf, sah ich zu, dass ich jedes Mal den Platz neben ihr bekam. Ich dachte mir, vielleicht färbt etwas von ihrer positiven Haltung auf mich ab, und mit ihr zusammen war der Kurs halb so schlimm.«

Erst als das Semester vorbei war, wurde Anson klar, dass das Seminar ihm geholfen hatte, mit einer seiner Schwächen klarzukommen, dem Schreiben. Zu schreiben fiel Anson nicht leicht, und wie er sagt, schob er Hausarbeiten so lange auf, bis es nicht mehr ging. Aber die Logik des Syllogismus zerlegt Gedanken in einzelne Schritte, eine Aussage führt unweigerlich zum nächsten logischen Schritt.

»Ich musste auch einige Seminare in Literatur belegen, was ich nicht wollte, denn das bedeutete, eine Million Texte zu schreiben«, so Anson. »Bei einer leeren Seite auf dem Computer bekomme ich Schnappatmung – Wo soll ich nur anfangen? Aber in der Logik des Syllogismus fängt man bei einem kleinen Gedanken an, den man versteht, und darauf baut man auf. Eins nach dem anderen.« Anson überlegte sich, dass er dasselbe Vorgehen auch auf das Schreiben anwenden könnte. Er beginnt mit einem Gedanken, den er durchdrungen hat, und baut darauf die Schlussfolgerung auf. »So wenig ich das Schreiben leiden kann, fällt es einem doch so viel leichter, wenn man weiß, wie man die Ideen ordnet.«

Anson lernte, seine Stärken auch dann einzusetzen, wenn ihm etwas Schwierigkeiten bereitete oder er wenig Lust hatte. Dabei stolperte er über einen anderen wichtigen Faktor: die Stärken anderer Menschen. Die Studentin, deren Stärke in der Positiven Einstellung lag, half Anson, das Logikseminar durchzustehen, indem sie einfach sie selbst war. Gallup bezeichnet das als eine sich ergänzende Partnerschaft, wenn man sich mit jemandem zusammenschließt, der über die Talente verfügt, die einem selbst fehlen. Niemand hat all die nötigen Talente, um alle Probleme allein lösen zu können. Findet man einen Partner, der einen ergänzt, ist das eine tolle Möglichkeit, gemeinsam das meiste aus den Talenten der Betreffenden zu machen. Stehst du vor langfristigen Projekten oder schwierigen Kursen, ist es entscheidend, die Stärken deiner Kolleginnen und Kollegen zu kennen, denn so kannst du sicherstellen, am meisten zu lernen und das Projekt mit einem guten Ergebnis abzuschließen.

In folgendem Beispiel wird deutlich, wie es sich ein paar Studenten hätten leichter machen können, wenn sie über die Stärken der anderen nachgedacht hätten. Michael, Neeraj und Tim sind befreundet, nun arbeiten sie gemeinsam an einem längerfristigen Projekt. Während Michael und Neeraj schon bei der ersten Besprechung in den Aktivitätsmodus schalten, fängt Tim mit einem Brainstorming zum Thema an. Michael ist das egal, schließlich brauchen sie Ideen, und außerdem kümmert er sich nicht sehr darum, was die anderen in seiner Gruppe machen. Aber Neeraj regt sich leicht auf. Er findet, was Tim macht, ist Zeitverschwendung. Neeraj lässt sich leicht frustrieren, weil es ihm so vorkommt, als müssten sich alle auf das gemeinsame Ziel konzentrieren.

Tim wiederum findet Neeraj rechthaberisch und dass er die Fäden in der Hand halten will.

Nehmen wir jetzt an, jemand würde sich die Zeit nehmen, den dreien zu erklären, wie sich einzelne Talente auf die Gruppendynamik und damit auf den Projektverlauf auswirken. Stellen wir uns darüber hinaus vor, in stärkenbasierten Gruppenübungen hätten die Studenten sich besser kennengelernt und herausgefunden, wie sie ihre Talente gemeinsam am besten nutzen können.

Mit diesen Gedanken im Hinterkopf hätten Neeraj und Michael Tims Brainstorming-Ergebnissen Aufmerksamkeit geschenkt, unter Tims ersten fünf Talenten sind Vorstellungskraft und Höchstleistung. Seine Ideen hätten das Projekt verbessert. Auf der anderen Seite hätte Tim Neerajs Talente Fokus und Verantwortungsgefühl wertgeschätzt, denn damit würde sichergestellt, dass die drei das Projekt rechtzeitig fertigbekommen. Und Michael hätte sein Talent Einzelwahrnehmung nutzen können, um seine beiden Kollegen zu unterstützen und ihren einzigartigen Beitrag zur Gruppenarbeit hervorzuheben, denn er macht die besondere Qualität des Projekts aus.

Und das sind Menschen, die einander kennen und schätzen! Fremden fällt es viel schwerer, die Perspektive von anderen Personen und ihren Beitrag zu würdigen. Außerdem ist fast jeder auf dem Campus oder im Ausbildungsbetrieb ein Fremder – jedenfalls zu Anfang.

Das Verständnis darüber, in welchem Bereich jeder die größten Stärken hat, bietet die Chance, wirklich zu wachsen, sich zu entwickeln und voranzukommen.

Sich einfach in der eigenen Haut wohlzufühlen und sich sicher zu sein, was man anderen zu bieten hat, und sich mitzuteilen, trägt viel dazu bei, die Ausbildungs- oder Unizeit zu genießen und langfristige Gruppenprojekte erfolgreich abzuschließen.

Die sechs wichtigsten Erfahrungen: Praktikum und Beruf

5. Erfahrung: Du hattest einen Praktikumsplatz oder Job, an dem du das anwenden konntest, was du in der Uni gelernt hast.

Schon seit deiner Kindheit haben dich die Leute, die es gut mit dir meinten, gefragt: »Und was willst du mal werden, wenn du groß bist?« Der Druck, die richtige Entscheidung zu treffen, wächst, je näher die Einschreibe- und Bewerbungsfristen rücken. Sich für einen Beruf zu entscheiden, kann einem Angst machen, und mit diesem Gefühl bist du nicht alleine. Einige schieben diese Entscheidung so lang wie möglich hinaus. Andere greifen nach der erstbesten Jobchance oder machen die Ausbildung, von der sie glauben, dass sich die Eltern darüber freuen würden.

Über Jahre befragte Gallup berufstätige Erwachsene: »Gefällt Ihnen das, was Sie jeden Tag machen?« Angesichts der Tatsache, dass in dem Bericht Vollzeitbeschäftigte in den USA durchschnittlich 47 Stunden wöchentlich arbeiten, ist das wohl eine einfache, wenn auch wichtige Frage. Doch leider antworteten nur 20 Prozent der Befragten mit einem eindeutigen »Ja«. Nur 13 Prozent der Arbeitnehmer sagten aus, dass sie ihre Aufgaben für sinnvoll hielten, und nur 20 Prozent waren der Meinung, dass sie einen Job haben, in dem sie ihre Talente anwenden können.

Vielleicht ist dir im Moment nicht klar, welche Karriereentscheidung für dich die richtige ist, doch ein Praktikum oder ein Nebenjob gibt dir die Chance, das, was du gerade lernst, praktisch zu nutzen. Hier kannst du in eine Branche hineinschnuppern und feststellen, was dir daran gefällt oder auch nicht. Du kannst entscheiden, was das Beste für dich ist – dazu sind diese Gelegenheiten da.

Hochschulabgängerinnen und Berufsanfänger berichten, dass sich ein Nebenjob oder ein Praktikum, in dem sie das Gelernte anwenden konnten, positiv auf ihre mittel- und langfristige Karriere ausgewirkt haben.

Beispielsweise hatte Isabelle begonnen, Medizin zu studieren, merkte aber schon bald, dass sie Biologie mehr interessierte. Nach ihren ersten Erfahrungen im Krankenhaus war klar, dass sie eigentlich gar nicht Ärztin werden wollte. Sie beendete ihr Studium und ging in die Wissenschaft. In einem Forschungscenter bekam sie eine tolle Stelle. Nach drei Jahren wurde Isabelle mit der Leitung eines Forschungsteams beauftragt, das kleinere Projekte, unter anderem für Dissertationen, übernahm, die auf lange Sicht größere Relevanz haben würden. Ihre wichtigsten Talente lagen in Bedeutsamkeit, Einzelwahrnehmung und Wissbegier, daher machte es Isabelle viel Spaß, ihre Teamkollegen persönlich kennenzulernen, außerdem fand sie es toll, gemeinsam mit ihnen etwas erreichen zu können.

Obwohl sie die Arbeit im Labor faszinierte, stellte sie fest, dass sie über einige Führungskompetenz verfügte und aus der Leitung von Teams die größte Befriedigung zog. Daher ging sie noch einmal zurück an die Uni, um ihren MBA zu machen. Mittlerweile arbeitet Isabelle als Geschäftsführerin eines Biotechnologie-Unternehmens. Als sie das Abitur machte, hatte sie keine Ahnung, dass es die Jobs, die sie nach dem Studium anfing, überhaupt gab. Aufgrund ihrer ersten praktischen Erfahrungen und der Kenntnis ihrer Stärken, konnte sie die Perspektive entwickeln, die sie brauchte, um erfolgreich zu sein.

Eine Ausbildung oder ein Studium sind die Basis dafür, sich seinen beruflichen Weg aussuchen zu können und nicht darauf angewiesen zu sein, einen beliebigen Job annehmen zu müssen, um die Miete bezahlen zu können. Das wiederum heißt aber auch nicht, dass man gleich nach dem Abi seine gesamte Karriere im Voraus geplant haben muss. In einer anspruchsvollen Ausbildung oder im Studium bekommst du die Gelegenheit, deine von Natur aus vorhandenen Talente mit deinen Interessen zu kombinieren und sie praktisch anzuwenden.

Die sechs wichtigen Erfahrungen:
Arbeitsgruppen und Organisationen

> **6. Erfahrung:** Du hast dich bei Arbeits- und Studierendengruppen engagiert.

Hin und wieder kann man sie auf dem Universitätsgelände sehen: Ältere Erwachsene, die die Fassaden der Gebäude hinaufschauen, in den Gängen alte Professoren abpassen, um mit ihnen zu plaudern, und viel Geld in den Läden lassen, die Sweatshirts mit dem Universitätslogo verkaufen. Fragt man sie, warum sie das tun, dann leuchten ihre Augen, und sie erzählen einem, wie sehr die Studienzeit ihr Leben geprägt habe. Diese ehemaligen Studenten und Studentinnen verbindet eines: Während des Studiums haben sie sich in Arbeitsgruppen und bei Projekten engagiert. Diese Mitarbeit hat ihnen eine grundlegende Verbundenheit mit den anderen und der Uni an sich gegeben, die noch viele Jahre nach dem Examen anhält.

Darum ist es so wichtig, dich in der Ausbildung und im Studium zu engagieren. Hochschulabgänger, die sehr aktiv in Arbeitsgruppen und bei Aktivitäten außerhalb des Studienplans waren, sind bei ihrer beruflichen Tätigkeit doppelt so häufig mit Leib und Seele dabei wie ihre Kollegen. Bist du Teil einer Gemeinschaft, die sich für einen bestimmten Zweck einsetzt, knüpfst du ein Netzwerk und nimmst Einfluss auf Themen, die dir wichtig sind.

Wahrscheinlich gibt es an deiner Uni und in deinem Ausbildungsbetrieb Dutzende von Gruppen und Organisationen, in denen du deine Stärken weiterentwickeln und deine Energie einbringen kannst. Doch überleg genau, wo du dich engagieren willst. Hier zählt nicht die Quantität der Aktivitäten, sondern die Qualität. Sich in einer sinnvollen Gruppe einzubringen, bringt mehr – auch für deinen Lebenslauf –, als pro forma zu irgendwelchen Treffen zu gehen. Es wird immer eine Gruppe geben, die deine Stärken gut gebrauchen kann, ob es sich nun um ein politisches, soziales oder akademisches Gebiet dreht, oder das Thema religiös, umweltbezogen, künstlerisch, sportlich ist oder einfach nur zum Spaß. Mach also bei einer Arbeitsgruppe mit, übernimm ein Amt, werde Mitglied oder finde die Organisation, die deinen Interessen entspricht – du wirst genau so viel davon haben, wie du einbringst.

Mauricio war in Los Angeles aufgewachsen und entschied sich aber, in einem kleinen College in Wisconsin Ingenieurswissenschaften zu studieren. »Die Leute dachten, ich sei verrückt, mir eine Uni zu suchen, die so weit von zu Hause weg ist und wo man sich acht Monate im Jahr zu Tode friert.« Mauricio grinst. »Aber dieses College bietet mir alles, was ich brauche. Als ich es mir angesehen habe, fand ich schon die Schulfarbe toll, in jedem Restaurant und Café der Stadt hingen die Plakate mit den Sport-Events. Ich habe mich hier einfach wohlgefühlt und hatte den Eindruck, ich bin dort Teil von etwas, das größer ist als ich. Und dann bekam ich noch das Stipendium – das konnte ich mir nicht entgehen lassen.«

Allerdings war es doch schwieriger, nach Wisconsin zu ziehen, als Mauricio gedacht hatte. »Zuerst war es hart. Die Menschen ziehen sich hier anders an, sie reden anders. Sie machen einfach nicht die Sachen, die wir zu Hause machen.« Mauricio macht eine Pause. »Eisfischen? Im Ernst jetzt?« In seiner Orientierungsphase nahm Mauricio an dem CliftonStrengths-Test teil. Keines seiner Top-5-Talentthemen hatte viel mit sozialen Beziehungen zu tun, aber das machte ihm nichts aus. Seine Themen lauteten Analytisch, Disziplin, Verantwortungsgefühl, Vorstellungskraft und Selbstbewusstsein.

Er stürzte sich also auf seine Seminare und konzentrierte sich darauf, seine Stärken beim Lernen umzusetzen, was dazu führte, dass er viel aus seinen Seminaren mitnahm. »Eigentlich war es so, dass je mehr ich mir bewusst machte, welche Stärken ich im Studium einsetzte, desto deutlicher wurde mir, dass ich sie schon *immer* auch in der Schule angewandt hatte, nur nicht in diesem Maße. Ich ging nach dem Gießkannenprinzip vor, anstatt sie gezielt einzusetzen.« Mauricio fügt hinzu: »Es funktioniert natürlich besser, wenn man es bewusst macht.«

Und doch hatte Mauricio bis auf seinen Mitbewohner keine Freundschaften geschlossen, und das beunruhigte seine Mutter so sehr, dass sie ihn für mehrere Tage besuchte. Mauricio glaubte, um einfach dazuzugehören, reiche es, in einem Wohnheim auf dem Campus zu leben. Aber nur einen Freund zu haben, ist etwas anderes, als bei Arbeitsgemeinschaften mitzumachen und mehr vom Unileben mitzubekommen. Also erzählte er seiner Mutter, um sie zu beruhigen, er würde sich mal eine Arbeitsgruppe für Ingenieursstudenten anschauen. »Aber Mann, deren große Idee war, einen Stand auf dem Karrieretag aufzubauen. Das ist zwar toll, aber das hat mich überhaupt nicht interessiert.«

Einige Wochen danach begegnete Mauricio einem Studenten mit einem Skateboard. Mauricio erinnert sich: »Er hatte ein fettes Dervish Sama [Skateboard] von Loaded mit Randall R-11 Achsen, da wusste ich, dass der Typ es ernst meinte.« Mauricio folgte ihm zu einem Skatepark, der ganz in der Nähe lag. Sofort rief er seine Mutter an und bat sie, ihm sein Longboard zu schicken. Gesagt, getan.

Nach seinen Seminaren ging Mauricio in den Skatepark, und auch auf dem Campus fuhr er mit seinem Longboard herum. Und plötzlich ging ihm auf, dass es an der Uni ziemlich viele Skater gab. »Es war, als hätte es hier eine geheime Skater-Szene gegeben. Das sind Leute, mit den ich chillen kann, die sich aber als Farmer aus dem Mittleren Westen getarnt haben. Mit meinem Skateboard habe ich mehr Freunde kennengelernt als in der ganzen Schulzeit.«

Mauricio zufolge bekam er daraufhin mehr Selbstbewusstsein, und es fiel ihm leichter, auch mit Studentinnen und Studenten Kontakte zu knüpfen, die keine Skater waren – es waren sogar Leute darunter, die zum Eisfischen gingen! Aber das Beste war, dass er sich in einer Gruppe aufgehoben fühlte, in der er gern gesehen war. »Darüber war meine Mutter so erleichtert, dass sie mir zum Geburtstag ein Dervish Sama geschenkt hat. Normalerweise schickt sie mir nur Kekse.«

Mittlerweile steht Mauricio kurz vorm Examen, den Kapuzenpulli seiner Uni trägt er voller Stolz. »Je mehr ich mich hier engagiere, desto wohler fühle ich mich damit«, lautet sein Fazit. »Schließlich habe ich dann doch noch bei den Ingenieuren mitgemacht.« Ziemlich schnell hat er herausbekommen, warum die Gruppe so schlapp war und die Mitglieder nicht mehr unternommen haben. Mauricio schiebt das auf seine Talente Analytisch und Vorstellungskraft. Durch sein Talent Selbstbewusstsein ist es ihm gelungen, die Gruppe aus ihrem alten Trott zu holen. »In diesem Semester wurde ich zum Sprecher gewählt. Mutti ist begeistert. Ich habe uns einen Stand beim Karrieretag besorgt, wo wir Skateboards reparieren und nebenher unser Fach präsentieren. Wir hatten mehr Leute dort als die Architekturstudenten, und bei denen gab's Pizza am Stand.«

Mauricio weiß, dass er mit seinen Freunden etwas geschaffen hat, was auch für die anderen Studierenden nachwirkt, lange nachdem er schon seinen Abschluss gemacht hat. Drüber hinaus findet er es toll, dem Städtchen und der Uni etwas zurückzugeben. »Außerdem ziehen wir die nächste Generation an Skatern und Ingenieuren heran«, fasst er zusammen, »und das ist wichtig.« Nachdem Mauricio in die Gruppenarbeit an der Uni einstiegen war und dabei seine Stärken einsetzte, veränderte sich sein Blick auf das Studium total.

Deine Stärken und Führungsqualitäten

Wenn du einmal über die alltäglichen Erfahrungen, die du in der Ausbildung oder an der Uni machst, hinausschaust und dir überlegst, in welche Richtung deine Karriere einmal gehen soll, liegt es auf der Hand: Übernimm Führungsrollen – in deiner Firma oder an der Uni. Spätere Arbeitgeber suchen Menschen mit Führungserfahrung, und wahrscheinlich werden sie dich genau danach in Vorstellungsgesprächen fragen. Vielleicht ist das der Job des Kassenwarts für deine Azubigruppe oder du wirst Sprecherin einer Arbeitsgruppe beziehungsweise du engagierst dich in einem Gremium. Vielleicht ist es dir lieber, aus einer Position hinter den Kulissen heraus Einfluss zu nehmen. Führung ist nicht auf diejenigen beschränkt, die vorn im Rampenlicht stehen. Du kannst von jeder Position innerhalb einer Arbeitsgruppe oder eines Gremiums aus Verantwortung übernehmen.

Die gute Nachricht lautet, dass du dazu jedes der CliftonStrengths Talentthemen gebrauchen kannst. Alle von ihnen sind nützlich – selbst die Talente, die auf den ersten Blick nicht so wirken. Beispielsweise hilft dir das Thema Beziehungsfähigkeit, die Standpunkte von anderen Gruppenmitgliedern zu verstehen, damit kannst du sie besser in die jeweilige Aktivität einbeziehen und besser lenken. Das Thema Ideensammler kannst du dazu nutzen, all die Informationen zusammenzutragen, die du für bedachte Entscheidungen brauchst. Dein Kontext-Talent zeigt dir, wie der Zweck deiner Gruppe in das Große und Ganze der Uni passt. Wenn du also Führungspositionen in der Ausbildung übernimmst, kannst du all deine Stärken in diesem Sinne entwickeln, unabhängig davon, welche es im Einzelnen sind.

Wenn sich dir außerdem die Chance bietet, andere anzuleiten, ergreif sie. Menschen zu managen ist vielleicht einer der wichtigsten Aspekte einer Führungsrolle.

Effektive Teams und die vier Bereiche von Führungsstärke

Bei der Untersuchung Tausender Organisationen und Teams stellte Gallup fest, dass Teams, die gut harmonieren und erfolgreich sind, aus Mitgliedern bestehen, die ihre eigenen Stärken und die ihrer Mitstreiter gut kennen. Nach diesen Ergebnissen teilte Gallup die 34 Talentthemen nach Clifton in vier unterschiedliche Bereiche ein: Durchführung, Einflussnahme, Beziehungen aufbauen und strategisches Denken. Während es wichtig für *deine* Entwicklung ist, dich auf deine individuellen Stärken zu besinnen, sind diese vier Bereiche eine praktische Hilfe, um die Zusammenstellung eines *Teams oder einer Gruppe* zu optimieren.

Durchführung	Leistungsorientierung, Arrangeur, Überzeugung, Gleichbehandlung, Behutsamkeit, Disziplin, Fokus, Verantwortungsgefühl, Wiederherstellung
Einflussnahme	Tatkraft, Autorität, Kommunikationsfähigkeit, Wettbewerbsorientierung, Höchstleistung, Selbstbewusstsein, Bedeutsamkeit, Kontaktfreudigkeit
Beziehungsaufbau	Anpassungsfähigkeit, Verbundenheit, Entwicklung, Einfühlungsvermögen, Harmoniestreben, Integrationsbestreben, Einzelwahrnehmung, Positive Einstellung, Bindungsfähigkeit
Strategisches Denken	Analytisch, Kontext, Zukunftsorientierung, Vorstellungskraft, Ideensammler, Intellekt, Wissbegier, Strategie

Um die allgemeine Leistungsfähigkeit eines Teams zu betrachten, kann man die Talentthemen der einzelnen Mitglieder den vier Bereichen zuordnen. Diese Kategorien lassen erkennen, wie sich die Gruppenmitglieder einbringen, wie sie Pläne umsetzen, andere beeinflussen, Beziehungen aufbauen und mit Informationen umgehen. Eine Übersicht, wie die Haupttalente in die einzelnen Bereiche passen, sorgt dafür, dass jeder im Team begreift, wie alle als Individuen denken und handeln, aber auch, wie die Talente die Arbeit im Team beeinflussen können.

Im Allgemeinen ist es für die Gruppe nützlich, Vertreter aus all den verschiedenen Bereichen zu haben. Anstatt dass eine Person die Gruppe dominiert oder alle in der Gruppe über dieselben Stärken verfügen, ist es besser, wenn die Stärken auf die verschiedenen Bereiche verteilt sind. So steigt die Wahrscheinlichkeit, dass das Team besser zusammenarbeitet und effektiver ist. Selbst wenn eine einzelne Person nicht über die Stärken aus allen Bereichen verfügen muss, ist es sinnvoll, wenn das in Zweierteams oder größeren Teams der Fall ist. Eine gute Mischung aus Stärken hilft deiner Gruppe dabei, mehr zu erreichen.

Wie sieht es mit deinen Top-5-Talenten aus? In welche Bereiche der Führungsqualitäten gehören sie? Welche Sorte Führungspersönlichkeit bist du? Ballen sich deine Stärken alle in einem Bereich, und dafür sind andere Bereiche »unterversorgt«? Wie willst du deine einzigartigen Talente zukünftig in Führungspositionen einbringen? Wie willst du zum Gruppenprozess und -ergebnis beitragen, wenn du keine Führungsrolle innehast?

Welche Führungsrollen übernimmst du in Arbeitsgruppen oder Organisationen in der Ausbildung oder privat?

Schau dir an, wie jedes Talent aus diesen Gruppen zu dem Gesamtergebnis beiträgt, und welche Rolle dabei die vier Bereiche und die 34 Themen spielen. Die folgenden Beispiele zeigen, wie jeder auf seine Weise seinen Beitrag zum Ergebnis leistet.

Durchführung: Führungspersönlichkeiten, die in diesem Bereich viele Stärken aufweisen, sorgen dafür, dass Pläne verwirklicht werden. Wenn man jemanden braucht, der Sachen umsetzt, dann sind sie die Richtigen, die die Dinge in die Hand nehmen.

Beispielsweise sind Gruppenmitglieder mit den Stärken Behutsamkeit und Disziplin toll darin, sich Gedanken darüber zu machen, wie ihr an euer Ziel kommt – also über den Prozess – und wie ein sinnvoller Zeitplan aussehen kann. Andere, deren Stärke wiederum Leistungsorientierung ist, werden nicht eher aufgeben, bevor das Gruppenziel erreicht ist. Führungspersönlichkeiten mit einem großen Arrangeur-Anteil finden den optimalen Weg heraus, wie die einzelnen Stärken der Teammitglieder dazu beitragen können, die Aufgabe zu erledigen.

Einflussnahme: Wenn ihr jemanden braucht, der die Sache in die Hand nimmt, sucht nach einer Führungspersönlichkeit, die gut Einfluss nehmen kann. Sie vertritt die Idee nach außen und sie kann sie zielgruppengerecht kommunizieren, sei es den anderen Bewohnern des Studentenwohnheims, Interessensvertretungen oder Sportteams.

Beispielsweise brauchen Führungspersönlichkeiten, die ihre Stärken in Autorität oder Selbstbewusstsein haben, nur wenige Worte, um andere zu überzeugen. Im Gegensatz dazu schaffen es Menschen mit der Stärke Kommunikation und Kontaktfreudigkeit, dass sich andere wohl und mit der Gruppe verbunden fühlen.

Beziehungsaufbau: Diejenigen, die durch Beziehungen führen, sorgen dafür, dass das Team zusammenhält.

Ohne solche Menschen mit diesen Stärken ist die Gruppe kein Team, sondern einfach ein zusammengewürfelter Haufen. Führungspersönlichkeiten, die es extrem gut verstehen, Beziehungen aufzubauen, können die Gruppe zu etwas viel Größerem machen als die Summe ihrer Mitglieder.

Menschen mit Positiver Einstellung sorgen dafür, dass die kollektive Energie eines Teams auf einem hohen Niveau bleibt, und jemand mit Harmoniestreben vermindert Streitigkeiten. Die Interessen der einzelnen Teammitglieder werden von Personen mit der

Stärke Einzelwahrnehmung gesehen und berücksichtigt. Sind die Stärken Bindungsfähigkeit und Entwicklung bei einer Führungspersönlichkeit vorhanden, wird sie dafür sorgen, dass die Gruppe über ihre Ziele hinauswächst.

Strategisches Denken: Personen, die über die Stärke Strategisches Denken verfügen, richten die Gruppe auf die Zukunft aus. Ständig sind sie dabei, Informationen aufzunehmen, das Team in der Entscheidungsfindung zu unterstützen und eine Zukunftsvision zu entwickeln.

In diesem Bereich erklären Führungspersönlichkeiten, deren Stärke in Kontext und Strategie liegt, der Gruppe, wie vergangene Ereignisse die Gegenwart beeinflussen oder wie das beste Vorgehen aussehen kann. Sie helfen dem Team, alte Gewohnheiten abzulegen und sich Schritt für Schritt zu ändern. Führungspersönlichkeiten mit den Stärken Vorstellungskraft oder Ideensammlung sehen vielleicht zahllose Gelegenheiten, sich weiterzuentwickeln, wobei sie alle zur Verfügung stehende Informationen berücksichtigen. Und Persönlichkeiten, die ihre Stärke aus analytischem Denken ziehen, helfen dem Team, sich die Details genau anzuschauen, und sie stellen exakt die richtige Frage zur richtigen Zeit.

Die Reise beginnt

Wenn du deine Stärken kennst, dann weißt du, was du für alle in deiner Umgebung beitragen kannst. Du weißt, wann und worin du die besten Leistungen erbringen kannst. Wenn du deine Stärken kennst, siehst du die Menschen in deinem Leben und die Erfahrungen, die du machst, als Gesamtbild – nicht nur auf dem Campus, sondern weit darüber hinaus.

Jetzt liegt es an dir. Es ist deine Geschichte, deine Reise und deine Zukunft.

Teil II

Die CliftonStrengths Talente in die Praxis umgesetzt

Im Folgenden werden alle 34 CliftonStrengths aufgelistet sowie Anregungen für jedes einzelne Talentthema gegeben. Diese Umsetzungstipps erläutern deine Top-5-Talente noch einmal eingehender. Vielleicht fallen dir bei der Lektüre sogar blinde Flecken auf. So kannst du das meiste aus deinen Erfahrungen an der Uni oder der Ausbildung ziehen.

Um zu wissen, wo deine Talente liegen, mache nun das CliftonStrengths® Assessment. Dazu gehe bitte ins Internet auf die Seite press.gallup.com/code/de/csfs und gib deinen individuellen Zugangscode ein, den du hinten im Buchdeckel findest. Der Test dauert ungefähr 30 Minuten.

Anmerkung: Du wirst feststellen, dass die Bezeichnungen der Talentthemen nicht einheitlich sind. Einige beziehen sie auf die Person (Arrangeur, Ideensammler), andere auf eine Kategorie (Leistungsorientierung, Disziplin), wieder andere auf eine Eigenschaft (Anpassungsfähigkeit, Analytisch). Wir haben diese Herangehensweise gewählt, weil jeder Versuch der Vereinheitlichung unbeholfene und ungebräuchliche Begriffe hervorgebracht hätte.

Analytisch	Gleichbehandlung	Strategie
Anpassungsfähigkeit	Harmoniestreben	Tatkraft
Arrangeur	Höchstleistung	Überzeugung
Autorität	Ideensammler	Verantwortungsgefühl
Bedeutsamkeit	Integrationsbestreben	Verbundenheit
Behutsamkeit	Intellekt	Vorstellungskraft
Bindungsfähigkeit	Kommunikationsfähigkeit	Wettbewerbsorientierung
Disziplin	Kontaktfreudigkeit	Wiederherstellung
Einfühlungsvermögen	Kontext	Wissbegier
Einzelwahrnehmung	Leistungsorientierung	Zukunftsorientierung
Entwicklung	Positive Einstellung	
Fokus	Selbstbewusstsein	

ANALYTISCH

Mit deinem analytischen Denken bist du für deine Umgebung eine Herausforderung. Du verlangst von anderen, dass ihre Behauptungen einer gewissenhaften Prüfung auch standhalten. Oft ist dies nicht der Fall, und schon so manche schillernde Idee ist an deinen kritischen Fragen zerplatzt wie eine Seifenblase. Und genau darum geht es dir. Im Grunde liegt dir nichts daran, anderer Menschen Pläne zu durchkreuzen, du bist jedoch der Meinung, dass Theorien in erster Linie tragfähig sein sollten. Du siehst dich selbst als objektiven, unvoreingenommenen Beobachter. Du hast eine positive Einstellung zu Daten und Fakten, da diese genauso neutral und unparteiisch sind wie du selbst. Ausgerüstet mit diesen Daten machst du dich auf die Suche nach Mustern und Verbindungen. Dich interessiert die Auswirkung von bestimmten Anordnungen auf die Umgebung, wie verschiedene Muster untereinander kombiniert werden können, und welches Ergebnis davon zu erwarten ist. Inwiefern passt dieses Ergebnis zu der ursprünglichen Theorie oder zu einer konkreten Situation? Mit diesem Fragenkatalog konfrontierst du deine Umwelt. Du trägst Schicht für Schicht ab, bis die eigentlichen Gründe zum Vorschein kommen. In den Augen deiner Mitmenschen ist deine Logik unerbittlich. Über kurz oder lang wenden sie sich dann aber doch an dich, um ihre schrägen Vorstellungen, haltlosen Ideen und ihr Wunschdenken von deinem scharfen Verstand prüfen und aussortieren zu lassen. Du solltest jedoch darauf achten, deine Analyse in einem nicht allzu harschen Ton zu präsentieren. Sonst gehen deine Mitmenschen deiner »heilsamen« Kritik in Zukunft möglicherweise lieber gleich aus dem Weg.

Anregungen

- Wann hast du in der Uni Erfolg und wann nicht? Woran liegt das? Schau dir dein Lernverhalten kritisch an. Wie sehen deine Notizen aus? Wann hörst du zu? Wann stellst du Fragen und wann und wie fällt es dir am leichtesten, Texte zu verstehen? Diese Reflexion hilft dir, deine Lerntechniken zu verbessern, um in Zukunft deine Erfolgschancen zu steigern.

- Analysiere deine Gedanken beim Lesen und Lernen und schreibe sie auf. Stelle dir folgende Fragen: Was fehlt hier? Welche Fragen hätte der Autor beantworten sollen? Ist er voreingenommen oder neutral? Nutze deine Neigung, alles zu hinterfragen und genau zu untersuchen, um die Lerninhalte besser zu verstehen.

- Daten und Fakten geben dir ein Gefühl von Sicherheit. Sobald es für ein Vorhaben gesicherte Belege gibt, willigst du ein und trägst auch die Konsequenzen. Prüfe in allen Lebensbereichen sorgfältig, was deine Möglichkeiten sind. Durch die gründliche Analyse dessen, was umsetzbar ist oder nicht, kannst du gelassener in die Zukunft schauen.

- Du zerpflückst die Dinge gern in ihre Bestandteile. Diese analytischen Fähigkeiten kannst du erweitern, indem du dich fragst, wie jemand Älteres dieselben Fakten interpretieren würde. Oder jemand Jüngeres? Jemand mit einem anderen kulturellen, ethnischen oder sozio-ökonomischen Hintergrund? Wie würde das betreffende Thema ein Angehöriger einer anderen Religion oder Hautfarbe sehen?

- Man erkennt einen analytischen Geist an der Qualität der Fragen, die er stellt. Führe Gespräche mit Leuten, die einen Beruf haben, der dich interessiert. Nutze dein Talent, intelligente Fragen zu stellen, wenn es um deine Berufsentscheidung geht.

- Automatisch entdeckst du das Echte, das Wahre, das Rechtschaffene. Für deine Freunde und Familie bist du der »Schnüffler«, wenn es darum geht, aus einer Vielzahl von widersprüchlichen oder komplexen Informationen die Wahrheit zu ermitteln. Du kannst deine analytischen Fähigkeiten nutzen, um anderen zu helfen. Aber warte nicht solange, bis sie erst auf dich zukommen!

- Ständig ist dein Hirn dabei, zu analysieren und Erkenntnisse zu generieren. Ist das deinen Freundinnen und Kommilitonen oder Ausbildungskollegen überhaupt klar? Suche einen Weg, wie du deine Gedanken am besten ausdrücken kannst, sei es mit Schreiben, in Einzelgesprächen oder in Gruppendiskussionen. Deine Gedanken sind etwas wert, aber andere müssen sie auch mitbekommen!

- Immer wieder wirst du in lebhafte Diskussionen verwickelt, weil du von Natur aus skeptisch bist und für alles Beweise brauchst. Nur mit knallharten Belegen kann man dich überzeugen. Allerdings hat nicht jeder eine Schwäche für Streitgespräche so wie du. Tu dich mit Freunden oder Kommilitoninnen zusammen, deren Stärke insbesondere Einfühlungsvermögen, Bindungs- oder Kommunikationsfähigkeit ist, damit die anderen verstehen, dass du Ideen kritisierst und nicht die Person, die diese Ideen äußert.

- Bevor du dich auf eine Seite eines Arguments schlägst, berücksichtige deine Voreingenommenheit. Überdenke deine Haltung, bevor du die anderer infrage stellst.

- Unterstützung basiert auf Gegenseitigkeit. Schließe dich mit Leuten zusammen, deren Talent besonders in der Tatkraft steckt. Du kannst sie dabei unterstützen, umsichtige und gute Entscheidungen zu treffen. Im Gegenzug können sie dir helfen, deine analytische Fähigkeit in Ergebnisse umzuwandeln.

- Das Leben ist kompliziert. Du kannst damit umgehen, indem du dir sachlich die Vor- und Nachteile einer anstehenden Entscheidung vor Augen führst. Wenn du in emotionalen Situationen die Vernunft und Objektivität ins Spiel bringst, gelingt es dir, eine Lösung zu finden und deinen Stress zu reduzieren.

- Mach einen Plan für mehr Sport. Recherchiere unterschiedliche Sportarten und Übungen, insbesondere, welche Muskeln dabei beansprucht werden. Mach dir klar, welcher Einsatz für welches Ergebnis nötig ist, um logisch an deine Übungen oder deinen Sport heranzugehen. Bitte einen Personal Trainer oder deine Sportkameraden um Feedback und um Verbesserungsvorschläge.

- An manchen Universitäten gibt es Rhetorik-Kurse und Diskussionsgruppen, in denen zu wechselnden Themen Argumente gegeneinander abgewogen werden. Auch Science-Slams sind eine gute Gelegenheit, dich in ein Thema einzuarbeiten, Fakten zu sammeln und deine Position vor Publikum darzustellen. Überlege dir, welche Gegenargumente dir beggnen könnten. Recherchiere das Thema eingehend und bereite Argumente für das Für und Wider vor.

- Wenn Freunde dir von ihren Problemen erzählen, hast du vielleicht sofort das Bedürfnis, sie für sie zu lösen. Aber manchmal geht es vielleicht nur darum, einfach nur zuzuhören. Respektiere wiederum ihr Bedürfnis, sich mitzuteilen, ohne dass du gleich eine große Analyse startest. Wenn Freunde eine Lösung für ihr Problem von dir brauchen, werden sie es dir schon sagen.

ANPASSUNGSFÄHIGKEIT

Du lebst für den Augenblick. Für dich ist die Zukunft weniger ein festes Gefüge, auf das du dich zu bewegst, als vielmehr eine Realität, die du aufgrund deiner Entscheidungen, die du spontan triffst, kreierst. Mit jeder Entscheidung nimmt deine Zukunft zunehmend konkrete Formen an. Dies bedeutet nicht, dass du etwa plan- und ziellos durchs Leben treibst. Deine Anpassungsfähigkeit verleiht dir jedoch die Fähigkeit, auf das Gebot der Stunde mit einem hohen Maß an Flexibilität zu reagieren, was dazu führen kann, dass du von deinen ursprünglichen Plänen abrupt abrückst. Im Unterschied zu manchen anderen Menschen bist du in der Lage, auf völlig unerwartete Anfragen einzugehen oder plötzlich auftauchende Klippen zu umschiffen. Für dich sind solche Situationen keine Überraschung – du hattest bereits damit gerechnet. Unvorhergesehenes ist für dich unvermeidbar, und in bestimmter Weise freust du dich sogar darauf. Dank deiner Flexibilität entfaltest du eine hohe Produktivität, und zwar gerade dann, wenn ganz verschiedene, miteinander konkurrierende Anforderungen an dich gestellt werden.

Anregungen

- Ein Examen oder eine Abschlussprüfung können stressig sein. Beruhige deine Nerven, indem du dir sagst, dass du es schaffen wirst. Wahrscheinlich hast du schon bei anderen Gelegenheiten unliebsame Überraschungen bei Tests erlebt und sie gemeistert. Erinnere dich daran, wie du bisher mit diesen Schwierigkeiten umgegangen bist, und verlass dich auf deine Fähigkeit, das Unerwartete zu erwarten. Damit bereitest du dich auf Prüfungen, Präsentationen oder Vorstellungsgespräche vor.

- Geht es um dein Hauptfach oder generell um deine berufliche Karriere, vermeide Themen oder Jobs, die sehr strukturiert und daher sehr vorhersehbar sind. Solche Aufgaben können schnell dazu führen, dass du frustriert aufgibst, das Gefühl hast, nicht zu genügen oder dass dein Drang nach Unabhängigkeit eingeschränkt wird.

- Besorg dir einen Termin bei der Karriereberatung deiner Uni und schau dich nach einem Praktikumsplatz um, der Flexibilität verlangt. Die einen lieben Routine, du brauchst Vielfalt und schnellen Wechsel. Setze auf deine Beobachtungsgabe und deine Fähigkeit, dich anzupassen. Bei vielen Organisationen stellt deine Anpassungsfähigkeit einen riesigen Vorteil dar.

- Suche die Nähe zu Menschen, die wie du die Welt und ihre Schönheit in jedem Moment so annehmen können, wie sie ist. Verbringe Zeit mit Leuten, die auch schon mal die Arbeit unterbrechen, um sich den schönen Sonnenuntergang anzuschauen oder dem Regen zu lauschen – das gibt deiner Anpassungsfähigkeit neuen Schwung.

- Auf dem Weg durchs Leben bist du ein guter Reisegenosse. Da du keine bestimmten Ziele verfolgst, vertrauen dir die anderen, dass du wirklich mit ihnen ein Stück des Weges gehen möchtest, ohne sie in deinem Sinne beeinflussen zu wollen. Frage deine Mitbewohner oder Freunde, wohin es sie im Leben treibt. Vielleicht kannst du ihnen helfen, ihre Ziele zu erreichen. Damit zeigst du ihnen, dass du wirklich für sie da bist.

▸ Suche dir einen Mentor, der dir bei deiner Planung hilft. Jemand, dessen Talente in Fokus oder Strategie liegen, kann dir dabei helfen, längerfristige Berufsziele zu entdecken, womit dir mehr Raum bleibt, dich auf deine täglichen Ziele zu konzentrieren.

▸ Veränderungen machen dir nichts aus, dabei kannst du denjenigen, die das nicht so gut vertragen, Stabilität geben. Signalisiere deinen Freunden oder deiner Familie, dass du ihnen gern zuhörst, wenn sie ihre Pläne ändern oder ganz über den Haufen werfen müssen. Höre dabei sorgfältig zu und stelle Fragen, um sie dabei zu unterstützen, den Wandel zu bewältigen.

▸ Vermeide Impulskäufe. Frage dich jeweils, ob du etwas »haben möchtest« oder »brauchst«. Wenn du dich nicht entscheiden kannst, geh zumindest einmal um den Block, bevor du das Portemonnaie zückst. Ein wenig Zeit und Abstand können dir bares Geld sparen.

▸ Auch wenn es dir leichtfällt, dich an veränderte Bedingungen anzupassen, ist es manchmal nötig, bei der Stange zu bleiben, um deine längerfristigen Ziele zu erreichen. In solchen Situationen bist du mit Freundinnen, Dozentinnen oder Ausbilderinnen gut beraten, die sich durch eine starke Zukunftsorientierung, einen Hang zu Höchstleistung oder Disziplin auszeichnen. In Zeiten, in denen es angezeigt ist, die Zukunft fest im Auge zu behalten, können sie dir helfen, keine übereilten Entscheidungen zu treffen.

▸ Suche dir eine Sportart, die anstrengend, aber nicht zu stressig ist. Fitnesskurse, die sich sowohl an Anfänger als auch an Fortgeschrittene richten, bieten sich dafür an, weil jeder seine eigenen Ziele verfolgen kann. Vielleicht ist Yoga genau das Richtige für dich. Es hilft, Stress abzubauen, und die unterschiedlichen Haltungen kannst du dir in deinem eigenen Tempo erarbeiten. Außerdem geht es beim Yoga darum, im Hier und Jetzt zu sein.

▶ Wochenendausflüge sind eine gute Aktivität, die du mit deinen Freunden zusammen machen kannst. Wechselt euch bei der Planung ab. Für dich ist die Abwechslung ideal, und dabei bekommt ihr mehr Bewegung, als ihr glaubt.

▶ Improvisationstheater und Wettbewerbe mit Stegreifreden kommen deiner Fähigkeit entgegen, spontan auf äußere Umstände zu reagieren.

▶ Es ist ein Geschenk, dass du dein Studium oder die Ausbildung mit deinen sozialen Verpflichtungen, Hobbys und möglicherweise einem Nebenjob arrangieren kannst. Überlege mal, wie viele unterschiedliche Aufgaben und Aktivitäten du in der letzten Woche unter einen Hut gebracht hast. Vielleicht hast du für deine Freunde diesbezüglich ein paar Tipps?

▶ Da du im Hier und Jetzt lebst und es dir nichts ausmacht, wenn Pläne geändert werden müssen, könntest du anderen helfen, denen es nicht so leichtfällt. Wie kannst du deine Freunde dabei unterstützen, mit Veränderungen umzugehen? Erkläre Ihnen die Vorteile, einen Plan loszulassen und auf einen anderen umzuschwenken. Wandel kann so unterschiedliche Gründe wie Vorteile haben.

ARRANGEUR

Wenn du einer komplexen Situation gegenüberstehst, bei der eine Vielzahl von Faktoren zu berücksichtigen ist, jonglierst du mit ihnen und reihst sie immer wieder aufs Neue aneinander, bis du sicher bist, die ideale Anordnung gefunden zu haben. Weniger organisationsbegabte Mitmenschen erstarren angesichts deiner organisatorischen Fähigkeiten in Ehrfurcht. Sie fragen sich, wie man nur so viele Dinge gleichzeitig in seine Überlegungen einbeziehen kann. Es ist ihnen ein Rätsel, wie du es bewerkstelligst, umfassende, vielschichtige Pläne mit spielerischer Leichtigkeit durch brandneue Konzepte zu ersetzen. Für dich dagegen ist gar keine andere Vorgehensweise denkbar. In Sachen Flexibilität bist du einfach unschlagbar, und zwar unabhängig davon, ob du nun in letzter Sekunde deine Reiseroute änderst, weil plötzlich ein günstigeres Angebot verfügbar ist, oder ob du die ideale Kombination von Mitarbeitern und Betriebsmitteln zur Fertigstellung eines bestimmten Projektes ausheckst. Ob es sich nun um ganz banale oder sehr komplexe Zusammenhänge handelt, du bist immer auf der Suche nach der richtigen Zusammenstellung. Und wenn dazu noch eine bestimmte Dynamik ins Spiel kommt, gerätst du so richtig in Fahrt. Manche Menschen reagieren angesichts einer unerwarteten Entwicklung der Dinge mit dem Festklammern an ihre so sorgfältig ausgearbeiteten Pläne oder mit Verweisen auf Richtlinien, die doch, bitte schön, einzuhalten sind. Du dagegen begibst dich mitten ins Chaos, machst neue Möglichkeiten ausfindig, erschließt neuartige, effiziente Wege, gehst neue Partnerschaften ein und hältst dir dabei sämtliche Optionen offen. Denn schließlich könnte sich ja immer plötzlich eine noch günstigere Möglichkeit ergeben.

Anregungen

- Setze in deinem Studium oder bei deinen ersten Aufgaben im neuen Job Prioritäten. Finde anhand des Abgabetermins, der Wichtigkeit und der Schwierigkeit heraus, womit du anfangen musst. Wahrscheinlich wirst du dich besser konzentrieren und effektiver lernen können, wenn du deine Aufgaben in eine produktive Reihenfolge gebracht hast.

- Instinktiv jonglierst du mit den Aufgaben, die deinen Geist fordern. Allerdings haben manchmal deine Professoren, Vorgesetzten oder (Studien-)Kollegen Schwierigkeiten, sich vom Status quo zu lösen. Erkläre ihnen daher deine Vorgehensweise und die Gründe dafür.

- Das Talent des Arrangeurs umfasst eine gewisse Flexibilität, daher ist deine Fähigkeit, in stressigen oder chaotischen Situationen mit vielen Dingen gleichzeitig umzugehen, ein großer Vorteil. Suche dir einen Praktikumsplatz, bei dem Multitasking großgeschrieben wird und wo die Aufgaben relativ unvorhersehbar sind.

- Für die Organisation regelmäßiger Treffen, Ausflüge und Partys für (Studien-)Kollegen und Freunde bist du genau die richtige Person. Viele Veranstaltungsorte gewähren Studierenden und Azubis Rabatte. Dir macht es Spaß, die Details auszuhecken und Abläufe festzulegen, deswegen wirst du mit deinen Freunden eine schöne Zeit verbringen, ohne allzu viel Geld auszugeben. Tue dich mit jemandem zusammen, dessen Talent Vorstellungskraft ist, um das Event noch witziger und kreativer zu gestalten.

- Um geistig produktiv arbeiten zu können, sind Pausen nötig. Planst du Unterbrechungen ein? Vielleicht blockst du bestimmte Zeiten, um Freunde anzurufen oder dich mit ihnen zu treffen, einen kurzen Spaziergang zu machen oder Sport zu treiben.

- Vielleicht kann ein Professor oder eine Ausbilderin eine Ansprechpartnerin sein, die dich mit Offenheit und Zugewandtheit bei der Weiterentwicklung deiner Talente unterstützt.

- Stelle sicher, dass du alle Anforderungen für dein Examen kennst, bevor du zu Beginn des Semesters deine Kurse auswählst. Was ist am sinnvollsten? Wie kommst du am schnellsten an dein Ziel?

- Selbst ein gutes Work-out kann noch verbessert werden. Wenn du schon deine Sportart gefunden hast, suche dir neue Herausforderungen, die dich anspornen und schnellere Ergebnisse bringen. Sollte das nicht der Fall sein, höre dich um, welcher Sport zu dir passt und am besten deine Fitness fördert. Für Arrangeure wie dich ist das kein Problem.

- Als Student oder Berufsanfänger musst du zahlreiche Aufgaben erledigen und unterschiedlichste Ansprüche erfüllen. Dir fällt das leichter als anderen. Nutze deine Flexibilität voll aus, um mit unvorhersehbaren Umständen umzugehen. Das nimmt dir den Stress ein wenig. Biete Freunden und Kommilitonen auch deine Hilfe an.

- Was machst du in deiner Freizeit? Bist du in einem Verein oder in einer Gruppe? Für viele Menschen ist es stressig, mit ständiger Veränderung umzugehen, aber dir macht es Spaß. Überlege dir, wie du diese wertvolle Eigenschaft in den Clubs oder Organisationen, bei denen du Mitglied bist, einbringen kannst, um ihre Arbeit effektiver zu gestalten. Liste die Dinge auf, die gemanagt werden müssen, und melde dich als Koordinatorin der Gruppenaktivitäten.

- Engagiere dich an der Uni, im Betrieb oder in der Nachbarschaft. Vielleicht gibt es dort Bedarf und du kannst neben regelmäßigen Aktionen auch Events oder Projekte organisieren.

▸ Denk dir ein neues Projekt aus, in dem die unterschiedlichen Talente, das Wissen, Fertigkeiten und Erfahrungen deiner (Studien-)Kollegen gefragt sind. Nutze dein angeborenes Talent dazu, Leute anzuleiten und Prioritäten zu setzen, um das Projekt effektiv zu gestalten. Vergiss nicht, den anderen Beteiligten deine Gedanken zu erläutern, sonst könnten sie denken, du wolltest über sie bestimmen.

▸ Wird dein Arrangeur-Talent gebraucht, geht es dir gut und du bist voller Energie, passiert das nicht, langweilst du dich schnell und es geht dir schlecht. Schau dich nach Aufgaben um, die sich auch in deinem Lebenslauf gut machen. Das motiviert dich, und du bekommst die Gelegenheit, dein Talent dazu zu nutzen, komplexe Aufgaben zu bewältigen.

AUTORITÄT

Aufgrund deiner natürlichen Autorität übernimmst du gerne Verantwortung. Du hast auch keine Probleme damit, andere mit deinen Ansichten zu konfrontieren, ganz im Gegenteil. Sobald du dir eine Meinung gebildet hast, musst du diese unbedingt anderen mitteilen. Und wenn du ein Ziel ins Auge gefasst hast, lässt du nicht locker, bis du deine gesamte Umgebung darauf eingeschworen hast. Du gehst beherzt allen möglichen Auseinandersetzungen entgegen, denn in deinen Augen ist ein Konflikt stets der erste Schritt, ein Problem zu lösen. Wo andere sich kaum trauen, der Wahrheit ins Auge zu blicken, fühlst du dich berufen, die wenig schmeichelhaften Tatsachen auf einem Silbertablett zu präsentieren. Du bist eben für Klarheit in Beziehungen und forderst von deinen Mitmenschen Realitätssinn und Ehrlichkeit, und ein bisschen mehr Mut könnte deiner Meinung nach auch nicht schaden. Manche Menschen fühlen sich aus diesem Grund von dir eingeschüchtert und nehmen dir das auch übel. Möglicherweise hält man dich für rechthaberisch, aber dessen ungeachtet überlässt man dir in der Regel bereitwillig die Führung. Denn schließlich wirkt eine Person, die eindeutig Stellung bezieht und eine klare Linie vertritt, positiv und motivierend auf andere. Du verkörperst Autorität und Präsenz, deswegen fühlen sich andere Menschen zu dir hingezogen.

Anregungen

- ▶ Welche kritischen und zugespitzten Fragen kannst du in Gruppendiskussionen, in deinen Kursen oder am Arbeitsplatz stellen? Aufgrund deines scharfen Verstands lernst du schnell. Wenn du darüber hinaus laut Fragen stellst, können auch andere dadurch etwas lernen.

- ▶ Plane deine (Uni-)Karriere gezielt. Überlege dir, wie du deinen Abschluss oder deine Ausbildung gestalten willst. Besprich deinen Plan mit jemandem von der Studienberatung, dem Lehrpersonal, einem Vorgesetztem oder einem Mentor.

- ▶ Überlege dir bei der Wahl der Kurse für dein Hauptfach und bei deinem Karriereweg, wie andere Menschen von deiner Autorität profitieren könnten. Welche Berufsfelder oder Organisationen könntest du mit deinen offenen Worten und strengen Maßstäben bereichern? Überlege dir jetzt schon, welchen Einfluss du in Zukunft haben könntest.

- ▶ Nicht alle Hindernisse, die dir auf deinem Weg begegnen werden, musst du ausräumen, einige lassen sich auch umgehen. Suche dir einen Mentor, dessen Talente Kontaktfreudigkeit, Strategie oder Einfühlungsvermögen sind. Dieser Mensch kann dir helfen, unnötige Hürden, die sich dir in den Weg stellen, zu erkennen und zu umgehen.

- ▶ Deine autoritäre Art schreckt andere manchmal ab. Aber gesunde Beziehungen basieren auf gegenseitigem Vertrauen und Offenheit. Teile deine Schwierigkeiten und deinen Kummer deinen Freunden und Kollegen mit. Indem du ihnen deine Verletzlichkeit zeigst, können sie dir trotz deiner Autorität auf Augenhöhe begegnen. Bist du ihnen gegenüber offen, erkennen sie, dass sie dir vertrauen können.

BEDEUTSAMKEIT

Dir ist wichtig, in den Augen anderer als bedeutsame Person zu erscheinen und anerkannt zu werden. Du willst gehört werden und legst Wert darauf, dich von anderen abzuheben. Du verlangst Anerkennung für die einzigartigen Stärken, die dich von anderen unterscheiden. Du erwartest Bewunderung für die Glaubwürdigkeit, Professionalität und den Erfolg, durch den du dich auszeichnest. In deiner Umgebung setzt du dieselben Qualitäten voraus. Falls diese Eigenschaften nicht vorhanden sind, sorgst du dafür, dass sie allmählich entwickelt werden. Ist dies nicht möglich, wendest du dich ab. Du bist unabhängiges Denken gewohnt, und deine Arbeit ist für dich nicht nur ein Job, sondern eine Lebensweise, mit der du eine möglichst hohe Handlungsfreiheit anstrebst. Deinen eigenen Wünschen und Vorlieben misst du eine große Bedeutung bei. Deshalb steuerst du deine Ziele mit einer außergewöhnlichen Bestimmtheit an und hebst dich dadurch eindeutig vom Mittelmaß ab. Dein Streben nach Bedeutsamkeit führt dich auf diese Weise zu immer neuen Erfolgen.

Anregungen

▶ Liste deine persönlichen, akademischen und beruflichen Ziele auf. Überlege dann, wie das Studium oder die Ausbildung dazu beitragen kann, diese Ziele zu erreichen. Suche in deinen Netzwerken nach Menschen, die dir dabei helfen können, dir in den Bereichen, die dir am wichtigsten sind, einen guten Ruf zu erarbeiten.

▶ Lass dich hinsichtlich deiner Kurse oder Seminare beraten. Suche welche, in denen du deine Ziele verfolgen kannst, die deinen Bedürfnissen entsprechen und in denen du sehr gute Ergebnisse erzielen kannst. In den Kursen, in denen du dich einbringen und hervorragende Ergebnisse erreichen kannst, wirst du voll aufblühen.

▶ Übernimm in deiner Lerngruppe die Leitung und such dir andere ehrgeizige Kommilitoninnen oder Kollegen zum gemeinsamen Lernen. Als Führungsperson deiner Gruppe bist du dafür verantwortlich zu bestimmen, was der beste Weg ist, um an euer Ziel zu kommen.

▶ Überlege dir, welche speziellen Talente du dazu nutzen kannst, in deinen Seminaren oder Kursen, bei Arbeitsgruppen oder in Praktika einen besonderen Beitrag zu leisten. Suche aktiv nach Gelegenheiten, in denen du dich hervortun und den anderen zeigen kannst, dass du an deine Talente glaubst.

▶ Bedeutsame Menschen übernehmen wichtige Aufgaben. Was bleibt von dir, wenn du den Job wechselst? Stell dir vor, wie du in Rente gehst und auf dein Leben zurückschaust, in dem du die Welt zum Besseren verändert hast. Welche Schritte kannst du schon jetzt unternehmen, damit du deine Zukunftsvision umsetzen kannst?

- Du bist in deinem Element, wenn du ein Team mit großem Einfluss oder ein besonderes Projekt leiten kannst. Vielleicht motiviert es dich am meisten, wenn viel auf dem Spiel steht. Lass es die anderen wissen, dass du gern noch mehr tun möchtest, wenn es brenzlig wird. Dein Selbstvertrauen, große Risiken einzugehen und dafür die Verantwortung zu übernehmen, wird die anderen beruhigen.

- Worauf bist du bei deinen Freunden und Familienmitgliedern am meisten stolz? Sag es ihnen. Sie werden sich über die Anerkennung und deine Aufmerksamkeit freuen, und dein Bedeutsamkeits-Thema wird durch die Verbindung zu ihnen noch weiter gestärkt.

- Das nächste Mal, wenn du dich mit deinen Freunden triffst, beschreibe jeden einzelnen mit fünf Begriffen und bitte sie, dich ebenfalls mit fünf Stichworten zu charakterisieren. Wenn du weißt, was die anderen von dir denken, hilft das, dir deine Talente nochmals vor Augen zu führen, und das bestärkt dich.

- Gibt es Menschen, die ihre Ausbildung oder ihr Studium schon hinter sich haben und die du bewunderst? Das können auch Ausbilder oder Professorinnen sein. Was haben sie gemeinsam? Such den Kontakt zu Personen, denen du nacheifern möchtest. Sprich mit ihnen darüber, wie sie Entscheidungen getroffen haben, was sie an ihrer Arbeit schätzen und welche Risiken sie eingegangen sind, um dorthin zu kommen, wo sie heute stehen. Bitte sie um praktische Tipps und um Feedback bezüglich deiner eigenen Ziele und deiner Karrierestrategie. Frag sie, ob sie den Eindruck haben, dass du den richtigen Weg eingeschlagen hast.

- Du denkst unabhängig und suchst dir die Projekte aus, bei denen du den größten Einfluss auf die Gruppe haben kannst. Suche dir die Arbeitsgruppen oder Clubs, bei denen du am meisten erreichen kannst. Definiere messbare Ziele, die zeigen, inwiefern du der Gruppe geholfen hast.

- Erstelle eine Liste von Zielen, Errungenschaften und Qualifikationen, die du unbedingt erreichen willst. Hänge diesen Zettel dort auf, wo du ihn jeden Tag siehst. Die Liste wird dich inspirieren. Wo kannst du dich heute schon engagieren, was sich auch in deinem Lebenslauf gut macht?

- Die besten Leistungen erbringst du, wenn du das Ergebnis sehen kannst. Was sind die Gelegenheiten, bei denen du im Rampenlicht stehen kannst? Meide die Positionen, die sich hinter den Kulissen abspielen.

- Was kannst du unternehmen, damit du dich von anderen abheben kannst oder bekannt wirst? Vielleicht ist das ein Posten im Studierendenparlament, eine Sprecherposition bei einer Arbeitsgruppe, wo du die Gelegenheit hast, öffentliche Reden zu halten? Oder du meldest dich freiwillig für eine Teamleitung bei einem gemeinnützigen Projekt.

BEHUTSAMKEIT

»Vorsicht ist besser als Nachsicht« – dieses Motto hat dich bereits vor manchem Missgeschick bewahrt. Du bist der Meinung, dass die Welt einigermaßen unberechenbar ist, und willst dich deswegen nicht gerne unnötig exponieren. An der Oberfläche mag es ja noch ganz friedlich zugehen, du witterst jedoch bereits das drohende Unheil, das in der Tiefe lauert. Du hältst nichts davon, diese Gefahren zu leugnen, sondern tust im Gegenteil alles, um sie ans Tageslicht zu bringen. Auf diese Weise kann jede einzelne Bedrohung klar identifiziert, eingeschätzt und auf ein Minimum reduziert werden. Es versteht sich von selbst, dass ein relativ ernsthafter Mensch wie du dem Leben einigermaßen reserviert gegenübersteht. So planst du beispielsweise gerne gleich im Voraus ein, was schiefgehen könnte. Auch bei der Auswahl deiner Freunde bist du vorsichtig und verlässt dich, wenn sich das Gespräch um persönliche Dinge dreht, lieber auf deine eigene Meinung. Um Missverständnissen aus dem Weg zu gehen, verteilst du Lob und Anerkennung nur in geringfügigen Dosen. Du nimmst dafür auch in Kauf, bei anderen Menschen nicht eben die Hitliste der Beliebtheit anzuführen. Doch das trägst du mit Gelassenheit, denn schließlich ist das Leben ja kein Wettbewerb um Popularität. Für dich ist es eher eine Art Minenfeld, in das andere, ohne viel nachzudenken, Hals über Kopf hineinstolpern. Du behältst dir eben vor, anders vorzugehen. Zunächst einmal wägst du die tatsächlichen Gefahren und deren mögliche Auswirkungen ab, und setzt dann behutsam einen Fuß vor den anderen, weil jeder Schritt sorgfältig bedacht sein will.

Anregungen

- Kennst du die Erwartungen deiner Kursleiterinnen, Professoren, Trainerinnen oder Freunde an dich? Eine gute Planung hilft, unbekannte Faktoren auszuschließen. Bist du dir unsicher, was in den Kursen oder Projekten auf dich zukommt, ruf jemanden an, der es dir sagen kann. Damit bist du besser vorbereitet und hast Zeit, deine Aktivitäten zu gewichten und dir über die möglichen Ergebnisse klarzuwerden.

- Dir sind klare Strukturen am liebsten. Seminare und Kurse, in denen von vornherein deutlich gemacht wird, was erwartet wird, sind da hilfreich. Regelmäßige Besprechungen sind wichtig, aber ebenso die Freiheit, dir von Anfang an überlegen zu können, wie du dich einbringen möchtest.

- Auf einen Termin mit einer Lehrkraft solltest du dich gut vorbereiten. Notiere all die Themen und Fragen, die du zur Sprache bringen möchtest. Eine gute Vorbereitung gibt dir Selbstsicherheit.

- Wahrscheinlich fällt es dir leicht, das Verhalten von anderen zu analysieren und sie bei Entscheidungen zu unterstützen, bevor sie vorschnell handeln. Informiere dich über Praktika oder Mentoringprogramme, in denen du deine Talente jeden Tag einsetzen kannst.

- Halte nach Freunden und anderen Lernenden Ausschau, deren Talente vor allem in Autorität, Selbstbewusstsein oder Tatkraft bestehen. Während du bei jedem Schritt das Für und Wider abwägst, helfen sie dir dabei, schwierige Entscheidungen schneller und mit mehr Zuversicht zu fällen. Mit ihrer Hilfe triffst du tragfähige Entscheidungen.

- Manchmal geht es konfus und chaotisch zu. Dann erinnere dich an die Vorteile deiner vorsichtigen Haltung Entscheidungen gegenüber. Anstatt auf althergebrachte Meinungen zu vertrauen, überdenkst du all die Vor- und Nachteile und hältst so das Risiko gering. Auch deinen Freunden kannst du mit deiner umsichtigen Art helfen, wenn ihnen eine Entscheidung schwerfällt oder wenn sie in ihrem chaotischen Leben nicht mehr klarkommen.

- Vielleicht geben dir Zusammenkünfte nichts, in denen es ausschließlich darum geht, gemeinsam Zeit zu verbringen. Dennoch kannst du dich manchmal ausgeschlossen fühlen, wenn alle anderen außer dir auf eine Party gehen, selbst wenn du gar nicht mitwillst. Eine Gemeinschaft ist für jeden wichtig, und es gibt verschiedene Wege, diese Gemeinschaft zu pflegen. Sicherlich gibt es eine Freizeitaktivität, die Spaß macht und dir trotzdem sinnvoll erscheint. Vielleicht haben deine Lieblings-Studien-(bzw. Arbeits-)Kollegen Lust, einen Gesprächskreis zu gründen. Oder verabrede dich mit den Leuten aus der WG zum Mittag, wo ihr euch über eure Wochenendpläne austauschen könnt.

- Wie teuer wird deine Ausbildung am Ende sein? Wie viel musst du selbst bezahlen? Hast du BAföG beantragt? Du denkst alles gründlich durch. Mit dieser Herangehensweise entdeckst du frühzeitig Tretminen, etwa einen Studienkredit, die dir später in die Quere kommen können.

- Behalte alle deine Deadlines für Aufgaben und Hausarbeiten im Blick. Ein überraschender Abgabetermin verursacht bei dir nur unnötig Stress, und das ist ungesund. Sobald du den Terminplan hast, marker dir die Abgabetermine für Aufgaben, Referate und Prüfungen an.

- Menschen vertrauen dir, weil du vorsichtig und umsichtig auch mit schwierigen Themen bist. Daher sind für dich Führungspositionen in Organisationen interessant, die mit sensiblen Themen oder Konflikten umgehen. Beispielsweise könnte ein Job in dem Gesundheitsreferat deiner Uni das richtige für dich sein. Oder du wärst eine Bereicherung für Gruppen, die mit Geld oder Fundraising zu tun haben.

▶ Was Beziehungen angeht, bist du wählerisch. Daher ist es meistens für dich sehr wichtig, dass die Werte der anderen Person mit deinen übereinstimmen. Schau, ob du ehrenamtlich in einer Organisation arbeiten kannst, die über einen festen Mitarbeiterstamm verfügt und deren Kultur auf Prinzipien basiert, die sich mit deinen decken.

▶ Vielleicht wissen deine Mitbewohner oder die Leute aus deinem Wohnheim, welche Arbeitsgruppen und Vereinigungen es gibt. Oder arbeitet einer deiner Freunde seit längerer Zeit bei einer Organisation, die er dir empfehlen könnte? Besuch erst ein paar Treffen, bevor du richtig einsteigst, um sicherzugehen, dass das etwas für dich ist. Setz dir einen Zeitrahmen, in dem du dich endgültig dafür oder dagegen entscheidest.

▶ Erfahrungen in ehrenamtlicher Arbeit können ein wichtiger Punkt im Lebenslauf sein. Mit was kannst du aufwarten? Vielleicht kannst du dich in Prozessen einbringen, in denen es um Entscheidungsfindung oder Risikobewertung geht, denn das ist etwas, was dir liegt.

BINDUNGSFÄHIGKEIT

Du pflegst deine Freundschaften. Das bedeutet nicht unbedingt, dass du ein scheues Wesen besitzt und neuen Bekanntschaften grundsätzlich aus dem Weg gehst. Möglicherweise gehst du aufgrund anderer Stärken mit Vergnügen auf Fremde zu. Dank deiner Bindungsfähigkeit schätzt du jedoch eine vertraute Umgebung. Aus der Nähe zu deinen Freunden ziehst du Sicherheit und ein behagliches Wohlgefühl. Sobald du jemanden näher kennen gelernt hast, strebst du eine Vertiefung der Beziehung an. Du möchtest deine Freunde mehr als nur oberflächlich kennen und bietest im Gegenzug dazu ebenfalls einen tiefen Einblick in dein Leben. Du bist vom Wunsch beseelt, die Gefühle, Ziele und Träume deiner Freunde zu kennen und zu verstehen, und erwartest von deinem Gegenüber dieselbe Einstellung. Dabei ist dir ganz klar, dass sich aus einer solch engen Beziehung auch allerhand Probleme ergeben können. Davon lässt du dich jedoch in keiner Weise abschrecken, du interessierst dich nun mal ausschließlich für echte Beziehungen. Und die einzige Möglichkeit, eine solche Beziehung aufzubauen, besteht darin, sich seinem Gegenüber anzuvertrauen. Je mehr man miteinander teilt, desto größer ist auch die Gefahr, dass Schwierigkeiten auftreten. Mit dieser wachsenden Gefahr bestehen auch zunehmend Möglichkeiten, unter Beweis zu stellen, dass dein Interesse am anderen echt ist. Für dich sind dies alles Schritte auf dem Weg zu echter Freundschaft, und du bist gerne bereit, einen Schritt nach dem anderen zu machen.

Anregungen

- Halte die Leute, denen du wichtig bist, über dein Fortkommen und deine Erfolge in der Ausbildung oder an der Uni auf dem Laufenden. Geht man offen mit anderen um, ermuntert man sie, sich ebenfalls zu öffnen, was Freundschaften vertieft.

- Schließ dich bei der Auswahl deiner Kurse deinen Freunden an. Das hilft im Laufe des Semesters, auch an den akademischen Inhalten dranzubleiben.

- Deine Freunde und Freundinnen nehmen dich auf bestimmte Weise wahr. Frage diejenigen, denen du vertraust, wie sie dich einschätzen, wo sie deine größten Talente sehen. Die Meinung deiner besten Freundinnen und Freunde ist dir wichtig. Sie können dir eine neue Perspektive auf deine Persönlichkeit vermitteln. Bedenke, wie du von anderen wahrgenommen wirst – in deinen Kursen, in der Freizeit oder bei deinem Ehrenamt. Und sogar nach deinem Abschluss, wenn du deine Karriere startest.

- Jobs, bei denen man viel alleine ist, sind deine Sache nicht. Aufgrund deiner Bindungsfähigkeit blühst du auf, wenn du unter Leuten bist. Wenn dir also ein gutbezahlter Nebenjob angeboten wird, ist er das Geld vielleicht nicht wert, wenn du die ganze Zeit allein im Kämmerlein arbeiten musst. Ein Job, bei dem du Kontakt zu anderen hast und möglicherweise sogar Freunde findest, ist für dich besser geeignet.

- Wie viel Zeit verbringst du mit den Leuten, die dir wirklich wichtig im Leben sind? Achte darauf, dass du genügend Zeit und Energie hast, um mit ihnen zusammenzusein. Die Anforderungen der Uni, der Ausbildung oder andere Aufgaben machen es manchmal nicht leicht, die Gelegenheiten zu sehen, um seinen Freunden zu zeigen, wie wichtig sie einem sind. Eine echte Freundschaft währt lange.

- Suche nach dem richtigen Weg, mit deinen Kurskollegen in Kontakt zu bleiben, sei es per Telefon, WhatsApp oder E-Mail. So könnt ihr euch untereinander mit Aufzeichnungen helfen, wenn mal jemand eine Stunde verpasst hat.

- Suche den Kontakt zu Lehrenden, Studienberatern und Coaches, die dir Interesse entgegenbringen. Sie engagieren sich dafür, dass du in der Uni oder Ausbildung ein Teil der Gruppe bist, außerdem fördern sie deine intellektuelle Entwicklung sowie dein akademisches Fortkommen.

- Liebe und Freundschaft ist ein Geben und Nehmen. Dank deines Talents Bindungsfähigkeit beherrschst du das besser als die meisten Menschen. Sag deinen Freunden, dass dich die Freundschaft mit ihnen glücklich macht. Zeige ihnen, wie sehr sie dir am Herzen liegen, indem du dich für ihre Grundwerte interessierst, ihnen Aufmerksamkeit schenkst und Mitgefühl entgegenbringst.

- Bemühe dich um eine Mentorin oder einen Mentor oder sei selbst einer. Es macht Freude, die Leute, die einem auf diese Weise begegnen, näher kennenzulernen, und manchmal ergeben sich daraus echte Bindungen. Als Mentorin kannst du deine Mentee offen und aufmerksam beraten. Auf der Suche nach einem Mentor wäre für dich jemand richtig, dessen Talent in Überzeugung liegt, denn er kann dich mit anderen zusammenbringen, die mit dir dieselben Werte teilen.

- Du gibst mehr als du nimmst. Aber auch du musst manchmal deine Batterien aufladen. Du brauchst enge Freunde, denen du vertraust, gerade in schwierigen Zeiten. Ebenso brauchst du jemanden, an den du dich anlehnen kannst und der dich stärkt. Um die Energie aufzubringen, anderen zu helfen, die sich an dich wenden, musst du zunächst für dich selbst sorgen. Da helfen echte Freunde.

- Vielleicht gibt es eine Rechts- oder Hilfsorganisation, bei der du mitarbeiten und für die du vielleicht auch deine engen Freunde begeistern kannst. Ein gemeinsames Ziel sorgt dafür, dass eure Freundschaft noch enger wird und ihr etwas Sinnvolles für das Gemeinwesen tut.

- Nimm an regelmäßigen Arbeitsgruppen jenseits deiner Kurse oder Fächer teil. Mit neuen Freunden kannst du dich zum Mittag oder Kaffee verabreden, geht zusammen zu den Treffen. Solche Begegnungen bieten Gelegenheiten, neue, langwährende Freundschaften zu knüpfen, auch außerhalb deines geliebten Freundeskreises.

- Schau dir Arbeitsgruppen genau an, bevor du zustimmst, bei ihnen ehrenamtlich mitzumachen. In einer formal geprägten Umgebung, in der sich Freundschaften nur schleppend entwickeln, bist du nicht gut aufgehoben. Bevor du dich irgendwo engagierst, finde erst heraus, was für eine Kultur oder Atmosphäre dort herrscht. Diesen Punkt solltest du auch bei deinen Karriereentscheidungen berücksichtigen. Für dich ist eine Unternehmenskultur wichtig, die tiefgehende und sinnstiftende Beziehungen wertschätzt.

DISZIPLIN

Für dich gibt es nichts Schlimmeres als eine unübersichtliche Umgebung. Du hast ein Bedürfnis nach Ordnung und Planung und bringst feste Strukturen in deine Umwelt. Du orientierst dich an festen Gewohnheiten und legst Zeitrahmen und Fristen fest. Langfristige Projekte teilst du in mehrere kürzere, überschaubare Abschnitte auf, die du sorgfältig abarbeitest. Möglicherweise bist du nicht in jeder Hinsicht ganz und gar ohne Makel, worauf du jedoch keinesfalls verzichten kannst, ist Präzision. Deiner Meinung nach bringt das Leben bereits genug Durcheinander mit sich, deswegen ist es wichtig, dass du die Dinge fest im Griff hast. Deine Gewohnheiten, Zeitpläne und festen Strukturen sorgen dafür, dass du die Kontrolle nicht verlierst. Möglicherweise können weniger disziplinierte Zeitgenossen dein Bedürfnis nach Ordnung nicht immer nachvollziehen, dies muss jedoch nicht unbedingt zum Konflikt führen. Du solltest verstehen, dass dein Bedürfnis nach Übersichtlichkeit nicht von jedem geteilt wird. Viele Menschen werden auf andere Weise mit ihrem Leben fertig. Du kannst deine Mitmenschen jedoch dadurch unterstützen, dass du ihnen eine Orientierung an festen Strukturen nahebringst. Du magst keine Überraschungen, ärgerst dich über Fehler und pflegst Gewohnheiten, was ja nicht zwangsläufig mit Kontrollverhalten und Pingeligkeit gleichzusetzen ist. Vielmehr handelt es sich hier um Verhaltensweisen, dank derer du dich in einer Umgebung, die jede Menge Ablenkungen bereithält, nicht von deinen eigentlichen Zielen abbringen lässt.

Anregungen

▶ Wie organisierst du deinen Tag? Wahrscheinlich hast du schon ein Schema parat, mit dem du sicherstellst, dass du alles unter Kontrolle hast. Wenn dich aber das Lernen und deine Freunde stressen oder du überfordert bist, überlege, deine tägliche To-do-Liste in noch kleinere Abschnitte zu gliedern, die sich leichter managen lassen. Vergiss nicht, auch Zeit für unerwartete Dinge einzuplanen.

▶ Einige Kurse überlassen es jedem selbst, wie er seine Zeit einteilt, oder geben nur eine minimale Struktur vor. Entwickele in diesem Fall einen Zeitplan, der für dich passt, um sicherzustellen, dass du die Anforderungen erfüllst.

▶ Zu welcher Tageszeit bist du am produktivsten? Wann wirst du am wenigsten abgelenkt? Du brauchst Vorhersehbarkeit und Ordnung. Wenn möglich, achte bei der Auswahl deiner Kurse und Seminare darauf, eine Regelmäßigkeit in deinen Tagesablauf zu bringen, damit du dann Zeit zum Lernen hast, wenn du dich am besten darauf konzentrieren kannst.

▶ Die größte Effektivität erreichst du, wenn du für dich und andere eine gewisse Ordnung aufrechterhalten kannst. Dein Talent, zu organisieren und zu strukturieren, ist in ganz verschiedenen Bereichen gefragt. Wenn du dir einen Praktikumsplatz suchst, achte darauf, dass die Umgebung strukturiert ist, dann blühst du richtig auf.

▶ Mache dir die einzelnen Schritte deiner Karriereplanung klar und folgen ihnen. Eine Zeitleiste mit den einzelnen Schritten fördert die Motivation. Berichte deinem Mentor oder Coach von deinen Plänen, damit du nicht das Ganze aus den Augen verlierst.

- Du kannst das Organisationsgenie für deine Freunde sein. Biete ihnen an, sie anzurufen oder eine SMS zu schicken, um sie an Partys, Deadlines oder Geburtstage zu erinnern.

- Dein starker Ordnungssinn sorgt dafür, dass du weniger sortierten Menschen eine riesige Hilfe sein kannst. Sie brauchen dein Talent Disziplin, um ihre Lücken auf diesem Gebiet auszugleichen. Tu dich mit jemandem zusammen, der Talente hat, die dir fehlen. Eine Beziehung gewinnt dadurch, dass man sich aufeinander verlassen kann und die Talente des anderen wertschätzt.

- Organisiere in deiner Wohngemeinschaft oder in deinem Wohnheim einen monatlichen »Putztag«. Versucht gemeinsam, die Gruppenräume und die Küche wieder so herzustellen, wie sie am ersten Tag aussahen (hoffentlich einigermaßen gut). Trinkt hinterher gemeinsam etwas, dann habt ihr etwas, worauf ihr euch freuen könnt.

- Genauigkeit ist deine Stärke, und du hast Spaß daran, dir über Details Gedanken zu machen. Plan deswegen Zeit ein, um dich um deine Finanzen zu kümmern – Kreditkartenabrechnungen, Kontoauszüge, BAföG-Bescheinigungen. Damit kannst du kostspielige Fehler vermeiden.

- Vielleicht schaffst du selbst nicht immer Ordnung, aber du hast ein großes Bedürfnis nach Ordnung. Um dein Talent Disziplin noch weiter zu fördern, schau nach günstigen Möbeln und Organisationssystemen, die einen Platz für all deine Sachen bieten. So weißt du immer, wo alles ist.

- Dein Kennzeichen ist der Wunsch, deine Effizienz immer weiter zu steigern. Hast du manchmal das Gefühl, dass du aufgrund deiner Ineffizienz (oder der von anderen Leuten) Zeit oder Geld verschwendest? Sollte das der Fall sein, analysiere diese Situationen und denk dir ein System aus, um die Vergeudung von Zeit, Geld und Abfall zu vermeiden.

▶ Du bist aus ganzem Herzen Perfektionist. Engagier dich bei großen Events an der Uni oder im Betrieb, wo du dein Talent Disziplin anbringen kannst. Ganz automatisch gelingt es dir, große Aufgaben in Einzelschritte zu gliedern, während du auch die Details und Deadlines nicht aus den Augen verlierst. Deine Disziplin hilft dir dabei, alles unter Kontrolle zu halten, damit du wichtige Ereignisse ruhig abwickeln kannst.

▶ Veranstaltungen von sozialen Institutionen sind gute Gelegenheiten, um als Ehrenamtlicher Erfahrungen im Organisieren zu machen. Nutze deinen Einfallsreichtum und dein Organisationstalent, um dabei zu helfen, Menschen und Geld zu einem guten Zweck zusammenzubringen.

EINFÜHLUNGSVERMÖGEN

Du hast ein Gespür für die Gefühle deiner Mitmenschen. Du kannst dich in andere hineinversetzen und bist in der Lage, die Welt aus deren Perspektive zu betrachten. Dabei hast du sehr wohl deine eigene Sicht der Dinge. Du bist auch nicht notwendigerweise geneigt, jeden Pechvogel, der dir über den Weg läuft, zu bedauern. Hierin unterscheidet sich Einfühlungsvermögen grundsätzlich von Mitleid. Möglicherweise heißt du nicht alles gut, was andere tun. Du kannst sie jedoch verstehen, und mit dieser Fähigkeit kannst du viel bewirken. Du hörst nämlich auch die unausgesprochenen Fragen und erfasst auf intuitive Weise die Bedürfnisse anderer Menschen. Wo andere um Worte ringen, findest du nicht nur die richtigen Worte, sondern triffst auch noch den richtigen Ton. Mit deinem Einfühlungsvermögen machst du anderen ihre eigenen Emotionen erst richtig bewusst, und deren Gefühlsleben nimmt Gestalt an. Eine ganze Reihe von Gründen, aufgrund derer sich Menschen von dir angezogen fühlen.

Anregungen

▶ Führe ein Tagebuch, in dem du all deine Empfindungen bezüglich deiner Kommilitoninnen, Freunde und des Verhältnis zu den Lehrkräften aufschreibst. Wenn du deine Notizen noch einmal durchliest, frage dich, ob es sich um reale Gefühle oder um Annahmen handelt. Das Hinterfragen und Analysieren von Gefühlen hilft dabei, klarer zu sehen.

▶ Dein Talent Einfühlungsvermögen ist in Studierendenorganisationen und Arbeitsgruppen heiß begehrt. Du nimmst wahr, was andere fühlen und wie sie auf verschiedene Gegebenheiten reagieren – und vielleicht bist du die einzige Person, die das sieht. Um die Gruppe auf ihrem Weg zum Ziel voranzubringen, äußere deine Wahrnehmungen. Sprich Gefühle anderer und Emotionen laut aus, das klärt die Atmosphäre, und die Gruppe kann sich wieder auf ihre Aufgabe konzentrieren.

▶ Überlege bei der Auswahl deiner Kurse, was auf lange Sicht das Leben anderer verändern könnte. Dein Einfühlungsvermögen wird dafür sorgen, dass du in allen Bereichen, wo du eine Wirkung auf andere hast, erfolgreich bist. Vielleicht sind Berufe, in denen du in Einzelgesprächen mit anderen arbeitest, für dich am befriedigendsten.

▶ Überlege, in welchen Praktikumsplätzen und Branchen Gefühle wertgeschätzt und nicht unterdrückt werden. Für dich und dein Talent wäre eine Stelle in einem Unternehmen mit einer guten emotionalen Atmosphäre die perfekte Lösung.

▶ Es ist Vorsicht geboten, dich nicht von denjenigen, die du unterstützt, überfordern zu lassen. Für deinen Freundeskreis und deine Familie bist du jederzeit da, aber du brauchst auch Zeit, um dich um dich selbst zu kümmern. Welche Möglichkeiten gibt es, deinen Gefühlen freien Lauf zu lassen? Sprich mit deinen Freunden auch über deine Gefühle. Vielleicht verfügen sie nicht über dein feines Gespür, aber sie sorgen sich auch um dich. Lass es also zu, dass sie dich auch unterstützen, wenn du es brauchst.

▶ Du zeichnest dich besonders durch Geduld und Verständnisvermögen aus. Bevor du zu einem vorschnellen Urteil kommst, lass deine Freunde und Mitbewohner in Ruhe ausreden. Menschen brauchen die Zeit und den Raum, um sich über ihre Gedanken und Gefühle in einer sicheren Umgebung klarzuwerden, um ihre Stabilität und Gelassenheit zu fördern.

▶ Du spürst, wenn deine Freunde vom Lernen frustriert sind. Zeig ihnen, dass du weißt, wie sie sich fühlen. Ermuntere sie dazu, über ihre Gefühle zu sprechen oder sie aufzuschreiben. Vielleicht werden dadurch Muster deutlich? Manchmal fällt es dir leichter, Gefühle zu benennen und zu interpretieren, als den Betroffenen selbst. Du kannst ihnen mit Vorschlägen helfen, wie sie mit der Situation umgehen könnten.

▶ Tue dich mit einem Mentor oder Freunden zusammen, deren Talent im Analytischen liegt. Sie unterstützen dich darin, auch die rationale Seite einer Diskussion oder Situation zu erkennen. Denn das fällt dir schwer, wenn Emotionen hochkochen.

▶ Dir sind alle Gefühle wichtig – die guten wie die schlechten. Vermeide Personen, die dieses Bedürfnis abtun oder nicht respektieren.

▶ Biete dich einen oder zwei Freunden oder Kollegen als Vertrauensperson an. Die Ausbildung oder das Studium stellen für viele eine Überforderung dar. Du verstehst, was die anderen durchmachen. Mach es ihnen leicht, dich anzusprechen. Sag ihnen, dass es dir Freude macht, dich mit ihnen über die Themen zu unterhalten, die sie beschäftigen.

- Die Atmosphäre deiner Umgebung beeinflusst dich vielleicht mehr als andere Menschen. Weil du leicht die Stimmung der Menschen um dich herum wahrnimmst und sie manchmal auf dich überschwappt, lässt du dich auch von fröhlichen und optimistischen Leuten anstecken. Tue dich mit Menschen zusammen, die viel Optimismus ausstrahlen und entsprechende Talente haben. Triff dich mit ihnen und erfreue dich an ihrer guten Laune.

- Bevor du dich für eine ehrenamtliche Tätigkeit oder eine Arbeitsgruppe entscheidest, sprich mit Leuten, die dort schon mitmachen. Aus den Aussagen, was sie an ihrer Rolle gut und schlecht finden, erkennst du ihre Leidenschaften und Werte. Das sind Entscheidungshilfen für dich. Achte außerdem im Gespräch auf die Emotionen deines Gesprächspartners und auf nonverbale Kommunikation.

- Du kannst viel Gutes in der Welt erreichen – doch Vorsicht! Aufgrund deines Einfühlungsvermögens tendierst du dazu, dich von den traurigen Orten der Welt angezogen zu fühlen: Tierheime, Obdachlosenheime, Wohnprojekte der Frauen- und Kinderhilfe. Wenn dein Zustand eher einem emotionalen Schwamm gleicht, dann wird es für dich schwer sein, die Trostlosigkeit dieser Orte wieder abzuschütteln. Diese Gefühle nehmen viel Raum ein, könnten dich vom Lernen ablenken und deine eigene emotionale Balance gefährden.

EINZELWAHRNEHMUNG

Du bist fasziniert von den einzigartigen Veranlagungen, die du bei jedem einzelnen Menschen wahrnimmst. Verallgemeinerungen und Schubladendenken sind dir dagegen zuwider. Deine ganze Aufmerksamkeit gilt den Unterschieden, die zwischen verschiedenen Personen bestehen. Aufmerksam beobachtest du einzelne Menschen, und dabei entgeht dir nichts: Wie jemand denkt, was ihn im Innersten umtreibt, wie er Beziehungen aufbaut, welchen Stil er pflegt, du registrierst einfach alles. Der Umgang mit deinen Mitmenschen wird durch deine Fähigkeit zur differenzierten Wahrnehmung erheblich erleichtert. Für dich ist es beispielsweise ein Leichtes, das richtige Geburtstagsgeschenk auszuwählen, oder Personen, die gerne in der Öffentlichkeit gelobt werden, anders zu behandeln, als Menschen, die du mit öffentlicher Anerkennung nur in Verlegenheit bringen würdest. Wenn du anderen etwas beibringen willst, kannst du sowohl mit denen umgehen, die mehr Anleitung brauchen, als auch mit denjenigen, die lieber selbst herausfinden, wie etwas funktioniert. Mit deinem ausgeprägten Blick für die Stärken deiner Mitmenschen kannst du sie dabei unterstützen, ihre starken Seiten auch optimal zu nutzen. Indem du beispielsweise einer bestimmten Person mitteilst, welche Begabung du an ihr beobachtet hast, schaffst du es, dass sie sich bemüht, noch mehr aus sich herauszuholen. Und selbstverständlich bist du dank deiner Beobachtungsgabe auch in der Lage, produktive Teams zusammenzustellen. Während andere sich in Theorien über die perfekte Teambildung hineinsteigern, bist du davon überzeugt, dass es in erster Linie darum geht, die einzelnen Rollen im Team richtig zu verteilen und dabei den einzelnen Personen die Gelegenheit zu geben, ihre Stärken optimal einzusetzen.

Anregungen

- Eine Lerngruppe mit Kolleginnen oder Kommilitoninnen, die ganz unterschiedliche Talente und Perspektiven haben, erweitert auch deinen Horizont. Verschiedene Persönlichkeiten und Standpunkte kommen deinem Talent entgegen.

- Wie unterscheidet sich dein Lernverhalten und die Art, wie du schriftliche Arbeiten verfasst und dich auf Prüfungen vorbereitest, von denen der anderen? Welche Differenzen machst du aus? Gibt es vielleicht etwas, das deine Kolleginnen anders machen und das dir beim Lernen helfen könnte? Um Aufgabenstellungen und Projekte bestmöglich zu bearbeiten, kannst du ihren Input kombinieren.

- Die eigene Persönlichkeit und der Beruf sollten optimal zusammenpassen. Eine Berufsberatung gibt Hilfestellungen, um verschiedene Berufsperspektiven auszuloten. Welche verschiedenen Optionen geben dir Gelegenheit, deinen individuellen Weg zu gehen?

- Führe Gespräche mit Berufstätigen, die dafür bezahlt werden, das Einzigartige in jeder Person zu sehen: Lehrer, Berater, Personalberater, Coaches oder Ärzte. Wie können sie ihr Talent in ihrem Beruf einsetzen?

- Egal in welchem Beruf: Von seinem Chef kann man immer etwas lernen. Während andere in ihm nur eine Autoritätsperson sehen, die ihnen sagt, was sie zu tun haben, erkennst du aufgrund deines Talents Einzelwahrnehmung die bestimmten Talente und die Verantwortung des Einzelnen. Nutze deine Beobachtungen im Praktikum oder im Nebenjob, um dir zu überlegen, welche Art Führungspersönlichkeit du dir wünschst – oder nach abgeschlossener Ausbildung oder dem Examen selbst werden möchtest.

- Erzähle deinen Freunden und Mitbewohnern, welche tollen Talente sie haben, und ermutige sie, ihre Träume umzusetzen. Unterstütze sie dabei, ihre Stärken besser zu verstehen und zu optimieren. Vielleicht kannst du ihnen dabei helfen, Erfahrungen zu machen und die Gelegenheit zu ergreifen, sich hervorzutun.

- Verbessere deine Fähigkeit, deine eigenen Stärken und deinen Stil zu beschreiben. Bei einem formlosen Treffen, sei es im Wohnheim oder in der Studierendenvereinigung, kannst du mit den anderen über das Thema Individualität und persönliche Stärken sprechen. Mit der Frage nach ihren Stärken lassen sich die Menschen, mit denen du mehr Zeit verbringst, hervorragend kennenlernen. Darüber und über Zukunftspläne zu sprechen sind ein guter Gesprächseinstieg.

- Es fällt dir leicht, permanent alle um dich herum aufmerksam zu beobachten. Wie erkennst du, was die anderen gut machen und wie sie sich von allen anderen unterscheiden? Schau, wie verschieden die Talente sind, wo die Ähnlichkeiten und Unterschiede liegen.

- Wie reagierst du, wenn deine Freunde nicht erkennen, wie einzigartig dein Beitrag ist, den du zu einer Diskussion, einem Projekt oder einer Freundschaft leistest? Was kannst du tun, damit sie dich differenzierter wahrnehmen? Du kannst ihre Aufmerksamkeit auf dieses Thema lenken, wenn du darüber sprichst, was sie deiner Meinung nach auszeichnet. Wenn du den anderen sagst, welche Talente du bei ihnen entdeckst, fangen sie vielleicht auch an, deine Stärken und deine Taten wertzuschätzen.

- Du fühlst dich in ganz verschiedenen Gruppen und Kulturen wohl und automatisch machst du jede Begegnung zu etwas Besonderem. Nutze dieses Talent voll aus, indem du an der Uni oder im Betrieb die Diversity-Bestrebungen unterstützt.

▶ Melde dich bei Studierendenorganisationen oder Clubs, die neue Mitglieder anwerben wollen. Dein Talentthema Einzelwahrnehmung lässt sich gut bei der Mitgliederwerbung einsetzen, weil du erkennst, wer auf welche Position oder Rolle passt.

▶ Deine Stärken kommen am besten in Berufen zur Geltung, in denen du mit Einzelpersonen arbeitest und dich auf deren Einzelleistung konzentrierst. Versuche, eine ehrenamtliche Tätigkeit oder einen Job zu finden, wo du anderen Mentorin sein oder ihnen Feedback geben kannst. Diese Menschen könnten dir später die Tür zu deiner Karriere öffnen.

ENTWICKLUNG

Du siehst in anderen Menschen hauptsächlich das verborgene Potenzial. Du bist der Ansicht, dass in Sachen Entwicklung niemandem Grenzen gesetzt sind. Jeder hat die Möglichkeit, sich immer noch weiter zu entfalten, und in jedem Menschen steckt eine Menge nicht verwirklichtes Können. Du wirst von diesem Potenzial angezogen.

Dir geht es darum, anderen zum Erfolg zu verhelfen, sie aus der Reserve zu locken. Du machst dir Gedanken darüber, welche Erfahrungen die Weiterentwicklung von anderen fördern könnten. Und du hältst unermüdlich Ausschau nach vagen Anzeichen von Wachstum, wie zum Beispiel eine veränderte Verhaltensweise, optimierte Fertigkeiten, ein erhöhtes Qualitätsniveau oder fließende Bewegungen anstelle von ungelenken Schritten. Diese Anzeichen werden von anderen leichtfertig übersehen, für dich sind sie jedoch eindeutige Signale dafür, dass ein Mensch wächst und seine Fähigkeiten weiterentwickelt. Du selbst beziehst aus den Wachstumssignalen, die du an anderen bemerkst, Stärke und Genugtuung. Und viele Menschen schätzen deine Hilfe und Unterstützung gerade deshalb, weil sie sich darüber im Klaren sind, dass du es mit deiner Hilfsbereitschaft aufrichtig meinst und dir auf diese Weise selber eine Freude machst.

Anregungen

- Wähle Seminare aus, in denen du praktisch arbeiten kannst und außerdem mit Menschen zu tun hast. Hier hast du die Gelegenheit, auch außerhalb der Seminarräume zu beobachten, wie andere sich weiterentwickeln.

- Erinnere dich daran, was du von deinen Lieblingsdozenten gelernt hast und wie sie dich beeinflusst haben. Nimm dir die Zeit und schreibe ihnen eine Nachricht. Berichte davon, wie wichtig ihr Unterricht für dich und deine persönliche Entwicklung war.

- Man lernt Stoff am besten, wenn man ihn anderen beibringt. Wenn er also bei dir gut sitzt und du deine Aufgaben und Referate im Griff hast, biete deinen Kommilitonen oder Mitazubis, denen es nicht so leichtfällt, deine Hilfe an. Dir macht es Spaß, ihnen zu helfen, und außerdem steigen so die Chancen, dass du deine Noten verbesserst.

- Wie lautet deine Mission? Wie kannst du sie mit deinem Talent Entwicklung verbinden, sodass du anderen Menschen damit helfen kannst? Suche nach Berufen, in denen du andere dabei unterstützt, ihr Potenzial ganz auszuschöpfen.

- Manchmal nehmen sich Personen mit starkem Entwicklung-Talent so sehr anderen an, dass sie selbst gar nicht merken, dass sie sich ebenfalls weiterentwickeln. Vergiss nicht, auch auf deine eigene Entwicklung zu achten. Du kannst nichts geben, was du nicht auch selbst hast. Es ist in Ordnung, deine Bedürfnisse an erster Stelle zu setzen. Wer hat dir geholfen? Ein Mentor oder eine Professorin behalten auch deine Entwicklung im Blick.

- Überlege dir, ob du nicht Tutorin oder Tutor für anderen Studierende werden willst. Tutorien sind eine gute Möglichkeit, dich mit anderen auseinanderzusetzen und sie bei ihrer akademischen und persönlichen Entwicklung zu unterstützen.

▸ Wenn du Freunde hast, die auf ein bestimmtes Ziel hinarbeiten, etwa eine Diät machen oder für einen Marathon trainieren, unterstütze sie darin. Sei ihr Coach und sporne sie an.

▸ Frag deine Mitbewohner und Freunde nach ihren Träumen. Sorge dafür, dass sie ihre Fantasie bemühen. Was könnten sie alles machen, wenn ihnen nichts im Wege stehen würde? Wahrscheinlich ahnst du schon, worin ihr Potenzial besteht. Sie müssen es nur noch selbst entdecken, und dabei kannst du ihnen helfen.

▸ Vielleicht unterstützt du mehr Leute, als du eigentlich bewältigen kannst. Um dein Bedürfnis, anderen bei ihrer Entwicklung zu helfen, in sinnvolle Bahnen zu lenken, denke darüber nach, ob du nicht auch spontan »Mentor für einen Moment« sein kannst – sonst verlierst du dein eigenes akademisches und berufliches Fortkommen aus den Augen. Manchmal reicht es aus, im richtigen Moment das Richtige zu sagen – das kann schon dazu führen, dass beim anderen der Groschen fällt. Wenn du anderen einen spontanen Rat oder ein Wort der Ermunterung gibst, kannst du damit vielleicht deren Leben ändern.

▸ Finde einen Mentor mit dem Talent Einzelwahrnehmung. Er wird dir zeigen, wo deine größten Talente schlummern, und dich dabei unterstützen, dich auf deine akademische oder berufliche Karriere zu konzentrieren. Ohne diese Perspektive werden deine Entwicklung-Instinkte dich möglicherweise von dem abbringen, was du am besten kannst. Auch solltest du deine Stärken noch weiter ausbauen.

▸ Dein Talent besteht darin, den Fortschritt anderer zu erkennen. Du hilfst ihnen, ihre Fähigkeiten und Fertigkeiten noch stärker auszubauen. Schau dich nach einer ehrenamtlichen Tätigkeit um, die ihren Schwerpunkt in der Arbeit mit Menschen hat, die etwa Beschäftigungsprogramme für bestimmte Personengruppen anbietet.

▶ Vielleicht suchst du dir einen Sport oder machst bei anderen Aktivität deiner Firma oder deiner Universität mit. Es wird dir Spaß machen, Mitglied eines Teams zu sein und dich gemeinsam mit den anderen für ein Ziel anzustrengen.

▶ Dein Talent Entwicklung blüht am besten in einer Umgebung auf, die von Zusammenarbeit geprägt ist und wo der Mensch im Mittelpunkt steht. Dort kannst du vielleicht in einem Team aber auch mit Einzelpersonen zusammenarbeiten. Suchen solche Organisationen möglicherweise ehrenamtliche Mitarbeiter?

FOKUS

»Wohin gehe ich?« Diese Frage stellst du dir täglich. Als zielorientierter Mensch brauchst du klar umrissene Ziele, ohne die du dich schnell frustrieren lässt. Und so verbringst du jedes Jahr, jeden Monat und jede Woche mit deiner Lieblingsbeschäftigung: Du legst deine Ziele fest. Unabhängig davon, ob deine Ziele kurzfristig oder langfristig sind, die wesentlichen Charakteristika sind immer dieselben: Deine Ziele sind eindeutig definiert, sie sind messbar und in einen Zeitplan eingebunden. Diese Ziele dienen dir als Kompass, mit dessen Hilfe du Prioritäten festlegst und notwendige Korrekturen vornimmst, die dich wieder zurück auf den richtigen Kurs bringen. Als zielorientierter Mensch verfügst du über ein hoch entwickeltes Differenzierungsvermögen und wägst jeweils ab, inwiefern konkrete Schritte dich deinem Ziel näherbringen. Ist dies nicht der Fall, scheiden die entsprechenden Möglichkeiten automatisch aus. Deine Zielorientierung verhilft dir zu einer hohen Effizienz. Die Kehrseite der Medaille besteht darin, dass du auf Verzögerungen, Hindernisse und Ablenkungen, und seien diese noch so angenehm, mit Ungeduld reagierst, was dich allerdings zu einem außerordentlich wertvollen Mitarbeiter in einem Team macht. Denn sobald die anderen Teammitglieder sich in nebensächlichen Diskussionen zu verlieren beginnen, werden sie von dir schnurstracks zum eigentlichen Thema zurückgeführt. Dank deiner stark ausgeprägten Zielorientierung vermittelst du anderen, dass sämtliche Wege, die sie nicht ihrem Ziel näherbringen, bedeutungslos sind. Und was bedeutungslos ist, hat keinen Anspruch auf deine Zeit. Auf diese Weise hältst du alle auf Kurs.

Anregungen

- Wenn du feststellst, dass du dich zu sehr auf deine beruflichen oder akademischen Ziele konzentrierst, bemühe dich auch um deine persönlichen Ziele. Weil du immer danach strebst, alle deine Projekte umzusetzen, wird das Nachdenken über deine persönlichen Prioritäten zu einem guten Ausgleich führen.

- Was sind deine wichtigsten Werte? Stimmen deine Kurse und dein Berufsziel mit deinen Werten überein? Passt der Beruf, den du ergreifen möchtest, zu deinen Lebenszielen? Schreibe deine Werte auf und schaue sie dir immer mal wieder an. Stelle sicher, dass du sie nicht aus den Augen verlierst, wenn du Zukunftspläne schmiedest. Das wird dir stärker das Gefühl geben, dass du die Kontrolle über dein Leben hast.

- Da du eine Person mit einem starken Fokus-Talentthema bist, weißt du, dass es im Leben um Entscheidungen geht. Vergiss nicht, dass deine Kommilitoninnen, Mitbewohner und Freundinnen für ihre Entscheidungen selbst verantwortlich sind. Vielleicht stimmst du ihrer Wahl oder ihrem Weg zum Ziel nicht zu, aber zeig ihnen, dass du ihrem Urteilsvermögen vertraust und sie unterstützt. Oder biete ihnen Hilfe an, wenn es ihnen schwerfällt, ihr Ziel zu verfolgen.

- Setze dir bestimmte Ziele, wenn du deine Karriere planst. Was willst du bis zu deinem Abschluss erreicht haben? Reflektiere das Ziel deiner Reise und wie du sie bewerkstelligen willst. Auf dieser Reise hast du einen großen Vorteil: Dein Talent sorgt dafür, dass du nicht von deinem Weg abweichst.

- Selbst wenn dein Fokus-Talent sich in sehr umsichtigen Zielsetzungen zeigt, brauchst du manchmal vielleicht einen Blick von außen, um ein Ziel zu erkennen. Ein Kommilitone oder Mentor kann dir helfen, wenn dir das letztendliche Ergebnis einer Aufgabe oder eines Projekts unklar sein sollte.

- Setze dir zum klaren Ziel, Freundschaften zu schließen und zu pflegen. Nutze dein Fokus-Talent, um auch Themen zu entwickeln, durch die du deinen Freundeskreis erweitern und bereichern kannst. Suche den Kontakt zu alten Freunden und schaue, ob du möglicherweise neue Freunde in der Firma oder in der Uni dazugewinnen kannst.

- Sprich mit deinen Freunden darüber, wo du dich in der Zukunft siehst. Wie tragen feste Terminpläne und Ziele dazu bei, diese Vision Wirklichkeit werden zu lassen? Wie kannst du deinen Freunden dabei helfen, ihre Visionen umzusetzen?

- Viele deiner Kommilitonen denken, handeln und reden nicht so effizient wie du. Aber auch das hat seinen Wert. Wenn deine Freunde »Umwege« machen, höre aufmerksam zu – vielleicht stecken in diesen »Schlaufen« auch Chancen? Vielleicht ist das ein Weg, etwas Neues zu entdecken.

- Auch wenn es dir gelingt, dich lange zu konzentrieren, achte darauf, dass du Pausen einlegst und nicht bis zur Erschöpfung arbeitest. Wie häufig hältst du beim Lernen inne, stehst auf und bewegst dich ein wenig? Hin und wieder eine Pause zu machen, ist wichtig, um das Gelernte zu behalten.

- Um dein Fokus-Talent optimal auszubauen, achte darauf, nicht auf jeder Hochzeit zu tanzen, sondern überlege dir gut, bei welchen Aktivitäten du mitmachst. Was sind deine Prioritäten? Bitte jemanden aus deinem Freundeskreis, dich darauf aufmerksam zu machen, wenn du dich verzettelst.

- Bist du Mitglied in einem Sportstudio, plane deine Trainingszeiten von vornherein ein. Erkundige dich, wann im Studio nicht so viel los ist, und trainiere dann. Dann brauchst du an den Geräten nicht zu warten, und es fällt dir leichter, dich auf die Bewegung zu konzentrieren.

▶ Du setzt dir gern kleine Ziele, weil sie immer wieder deinen Sinn für Fokus schärfen. Überlege dir für jeden Tag ein Ziel, um deine Gesundheit zu verbessern – ein kurzer Spaziergang mit einer Freundin, Yoga, probiere eine gesunde Zwischenmahlzeit aus oder geh eine halbe Stunde früher ins Bett als sonst.

▶ Gruppen, die anscheinend nichts zu Ende bringen, frustrieren ebenso, wie wenn du ein Projekt nicht abschließen kannst. Engagiere dich ehrenamtlich bei einer Organisation, zu deren sinnvollen Zielen du mit sichtbaren Ergebnissen beitragen kannst. Oder übernimm in deinem Verein einen Vorstandsposten. Dein Talent besteht darin, dass du für die Gruppe Entscheidungen treffen und dafür sorgen kannst, dass zum Stillstand gekommene Pläne umgesetzt werden.

GLEICHBEHANDLUNG

Du legst Wert auf das richtige Gleichgewicht und behandelst alle Menschen gleich, unabhängig von ihrem Status oder ihrer gesellschaftlichen Stellung. Es stimmt dich bedenklich, wenn jemand alle Vorteile auf seiner Seite hat, denn du glaubst, dass auf diese Weise Selbstsucht und Egoismus gefördert werden. Außerdem hältst du nichts von einem System, in dem bestimmte Personen aufgrund ihrer Beziehungen, ihres gesellschaftlichen Hintergrundes oder einfach, weil sie ihrem Glück nachzuhelfen wissen, stets die Nase vorn haben – du findest solche Zustände unerträglich. Du verstehst dich selbst als eine Art Schutzpatron gegen soziale Ungerechtigkeit. Im Unterschied zu einer Welt, in der die durchtriebensten Gestalten die größten Erfolge verbuchen können, favorisierst du eine Umgebung, in der klare Regeln herrschen, die für alle Beteiligten gleichermaßen gelten. In einer solchen Umgebung sind die an den Einzelnen gerichteten Erwartungen klar und eindeutig. Eine solche Umgebung bietet gerechte Voraussetzungen für alle, und jeder hat die Möglichkeit zu zeigen, was in ihm steckt.

Anregungen

- ▶ Welche Bedingungen musst du erfüllen, um das jeweilige Seminar oder den Kurs zu bestehen? Überlege dir eine Routine für das Lernen und bleib dabei. Du kannst Außerordentliches leisten, wenn dein Leben eine Regelmäßigkeit hat.

- ▶ Hast du die Wahl zwischen verschiedenen Praktikumsplätzen oder Einsatzmöglichkeiten, dann entscheide dich für diejenige Alternative, die klare Regeln, Vorgehensweisen und Richtlinien hat. Du fühlst dich wohler und bist effektiver, wenn deine Umgebung strukturiert ist.

- ▶ Sprich mit deinen Freundinnen und Mitbewohnerinnen darüber, dass du ein gewisses Maß an Gleichförmigkeit brauchst, aber mache auch klar, dass es nicht nur um dich allein dabei geht. Formuliere, warum du Fairness und das Einhalten von Regeln für wichtig hältst – und höre dann zu, was die anderen zu sagen haben. Jeder hat seine individuellen Bedürfnisse, und es ist nur gerecht, bei unterschiedlichen Meinungen gemeinsam einen Kompromiss zu finden.

- ▶ Vorherzusagen, wie eine Person sich verhalten wird, hilft dir dabei, die richtige Grundlage für eine Beziehung zu setzen. Überlege dir, wie dein Talent für Gleichbehandlung Freundschaften beeinflusst. Bist du immer da, wenn du gebraucht wirst? Zeigst du beständig Mitgefühl und Fürsorglichkeit?

- ▶ Tue dich mit jemandem zusammen, der ein starkes Talent Einzelwahrnehmung hat. Diese Person kann dich daran erinnern, wenn es an der Zeit ist, sich auf individuelle Unterschiede einzustellen.

- ▶ Bemühe dich an der Uni oder in der Ausbildung darum, Menschen die Anerkennung zu zollen, die ihnen gebührt. Als das

»Gewissen« in deinen Kursen oder in Arbeitsgruppen sorgst du automatisch dafür, dass diejenigen, die Lob verdient haben, es bekommen und dass es ernst gemeint ist.

▶ Stelle aufgrund deines Talentthemas Gleichbehandlung Regeln, Grundsätze und Vorgehensweisen auf, an die du dich dein Leben lang halten kannst.

▶ Du spürst automatisch, wenn etwas aus dem Gleichgewicht gerät, und es fällt dir sehr leicht, die Stabilität wiederherzustellen. Sobald du einen guten Weg gefunden hast, wie du diese Balance für dich erhalten kannst, praktiziere ihn – insbesondere in stressigen Situationen.

▶ Du bist der perfekte Schiedsrichter für Sportevents und kannst dazu beitragen, für deine Wohngemeinschaft oder Wohnheim verbindliche Regeln aufzustellen. Du fühlst dich am wohlsten, wenn für alle dieselben Regeln gelten.

▶ Konzentriere dich bei der Arbeit in Gruppen oder Organisationen auf die Leistung der anderen. Dein Talent Gleichbehandlung verführt dich manchmal dazu, eher zu betonen, *wie* Leute Dinge erledigen, als *dass* sie erledigt werden.

▶ Soziale Gerechtigkeit ist dir sehr wichtig. Vielleicht sind daher Organisationen oder Arbeitsgruppen, deren Zielsetzung Gleichberechtigung und Menschenrechte sind, etwas für dich. Vielleicht gelingt es dir, dieses Anliegen zu verfolgen, während du gleichzeitig Zurückhaltung übst. Trage dazu bei, die Gruppe geduldig zu leiten, und achte darauf, Veränderungen nicht zu schnell durchsetzen zu wollen.

▶ Umgebungen, die strukturiert, vorhersehbar und detailorientiert sind, haben es dir angetan. Finde Angebote für Ehrenamtliche in Organisationen, die Loyalität schätzen und in denen dieselben

Regeln für alle gelten. In solchen Zusammenhängen, die Wert auf Beständigkeit legen, wirst du produktiver sein.

▶ Du willst Leuten auf Augenhöhe begegnen. Tritt einer Arbeitsgruppe oder einer sozialen Organisation bei, die benachteiligten Menschen die Chance geben, ihr Potenzial auszuschöpfen.

HARMONIESTREBEN

Du suchst nach Bereichen, in denen Übereinstimmung herrscht. Du bist davon überzeugt, dass Konflikte nirgendwo hinführen, deswegen bist du bestrebt, sie auf ein Minimum zu reduzieren. Umgeben von Menschen mit unterschiedlichen Ansichten, bemühst du dich stets, die Gemeinsamkeiten zu betonen. Geschickt lenkst du von Meinungsverschiedenheiten ab und bringst das Gespräch in harmonische Bahnen. Tatsächlich ist Harmonie ein zentraler Wert für dich. Du findest es geradezu ungeheuerlich, wie viel Zeit manche Leute damit verschwenden, dass sie versuchen, anderen ihre Überzeugung aufzunötigen. In deinen Augen wäre es wesentlich produktiver, wenn alle ihre Meinung öfter mal für sich behielten und sich stattdessen in erster Linie um Verständnis und gegenseitige Unterstützung bemühten. Hiervon bist du fest überzeugt, und du selber richtest dich nach deiner Überzeugung. Während bestimmte Zeitgenossen lautstark ihre Ansprüche geltend machen und mit einem wahren Feuereifer ihre Überzeugungen in die Welt posaunen, hältst du dich lieber zurück. Wo andere kurz entschlossen in eine bestimmte Richtung losmarschieren, schließt du dich um des lieben Friedens willen an. Du bist bereit, deine eigenen Ziele unterzuordnen, solange deine zentralen Werte nicht bedroht sind. Wenn sich aus zunächst harmlosen Gesprächen ein heißes Gefecht um die jeweilige Lieblingstheorie entspinnt, lenkst du das Gespräch wieder zurück in ruhiges Fahrwasser, zurück zu ganz praktischen Themen, über die Einigkeit besteht. Für dich ist klar, dass wir alle im selben Boot sitzen und dass wir ohne das Boot nicht ans Ziel kommen. Und es gibt auch keinen Grund, es mal so richtig ins Schwanken zu bringen, nur um zu beweisen, dass dies möglich ist.

Anregungen

- ▸ Sollte es in deinen Kursen passieren, dass Dozenten häufiger Aufgabenstellungen und Abgabetermine verändern, versuche herauszufinden, welche Gründe sie dafür haben. Oder frag sie einfach, warum sie das tun. Gib diese Informationen an deine Kommilitoninnen und Kollegen weiter. Finde den wirklichen Grund heraus, und entscheide im Zweifel für den Angeklagten, anstatt dich über die Dozenten zu aufzuregen.

- ▸ Vermeide es, Kurse bei aggressiven und konfrontativen Dozenten zu belegen. Sie könnten dafür verantwortlich sein, dass du dich so unwohl fühlst, dass du dem Stoff nicht mehr folgen kannst. Schaue dich – wenn möglich – nach alternativen Kursleitern um, die deine Art zu lernen verstehen und respektieren.

- ▸ Verfeinere dein Talent, Konflikte ohne großes Aufheben zu lösen, indem du dir weitere Fertigkeiten und Wissen aneignest. Dazu gehören die einzelnen Schritte der Konfliktlösung. Tue dich mit Kollegen oder Kommilitonen zum Lernen zusammen. So könnt ihr euch gegenseitig helfen, Experten in der Lösungsfindung durch Konsens zu werden. Wenn du anderen dein Wissen mitteilst, lernst du auch etwas dazu.

- ▸ In von Kooperation geprägten Umgebungen blüht dein Talent Harmoniestreben auf, weil du dich dort mit Gleichgesinnten umgibst, die sich ebenfalls für Win-win-Situationen einsetzen. Praktika geben die Gelegenheit, mit anderen Studierenden, Auszubildenden oder Berufstätigen harmonisch auf ein gemeinsames Ziel hinzuarbeiten.

- ▸ Versuche deinen Freundinnen und Studien- oder Arbeitskolleginnen zu erklären, wie wertvoll es sein kann, die Meinungen aller zu hören. Deine Bemühungen, ein harmonisches Miteinander zu ermöglichen, indem jedem einzelnen Aufmerksamkeit geschenkt wird, kann wiederum bei anderen Ärger hervorrufen. Personen, deren Talente insbesondere Leistungsorientierung oder Tatkraft lauten, sind vielleicht eher bestrebt, zügig Entscheidungen herbeizuführen und loszulegen.

▶ Tue dich mit Menschen zusammen, deren Talente in Autorität und Tatkraft bestehen. Sollten all deine Versuche nichts genützt haben, einen Konflikt zu lösen, unterstützen dich diese Menschen darin, ihn direkt anzugehen.

▶ Bei nicht enden wollenden Auseinandersetzungen hilfst du, einen Kompromiss zu finden. Dir gelingt es, Vertrauen und Respekt zu verbreiten, sodass alle, insbesondere stillere Personen, sich trauen, ihre Meinung zu sagen. Versuche, die praktische Seite der Frage zu sehen, und hilf auch anderen dabei. Ein pragmatischer Ansatz kann der Ausgangspunkt für eine Übereinkunft sein.

▶ Kurse, Praktika, Jobs oder Freizeitaktivitäten, bei denen du regelmäßig Menschen die Stirn bieten musst, sind nichts für dich. Beispielsweise können dich Positionen im Verkauf, in der Kaltakquise oder in von Konkurrenz geprägten Teams frustrieren oder dich aus dem Gleichgewicht bringen.

▶ Nutze dein Talentthema Harmoniestreben dazu, dir ein Netzwerk aufzubauen, das Mentoren mit ganz unterschiedlichen Perspektiven einschließt. Wende dich an sie, wenn du einen fachbezogenen Rat brauchst. Da du verschiedenen Meinungen gegenüber offen bist, kannst du viel von ihnen lernen.

▶ Dank deines Talents Harmoniestreben kannst du einer Gruppe emotionale Stabilität geben. Vielleicht ist das auch der Grund, warum deine Freunde dich immer fragen, ob du mit ihnen ausgehen willst – du wirkst ausgleichend, sodass sich jeder am Abend amüsiert. Denk an deine Finanzen, bevor du jede Einladung annimmst. Es ist völlig okay, Nein zu sagen, wenn du dir den nächsten Zug um die Häuser nicht leisten kannst.

▶ Große Aufgaben können dich lange beschäftigen. Wenn du dir zu große Sorgen machst, sprich mit deinen engen Freunden darüber, dass die Verpflichtungen der Uni oder der Ausbildung gegenüber mit deinem Privatleben kollidieren. Frag deine Freunde, wie sie damit umgehen, wenn sie fürchten, dass ihre Leistungen nicht ausreichen.

▶ Bist du vielleicht Kapitän in einem Team, bemühe dich darum, dass alle Mitglieder zusammenspielen, um so eine optimale Mannschaft zu bilden. Vielleicht hilfst du ihnen, sich besser kennen- und schätzen zu lernen. Mit deinem Talent kannst du anderen zeigen, dass sie mehr Gemeinsamkeiten haben als zunächst angenommen.

▶ Du kannst als Schlichter in Vereinen oder Organisationen arbeiten. Bei dir haben die Menschen das Gefühl, wirklich angehört zu werden. Dein Einsatz kann einen großen Einfluss auf andere Studierende oder Azubis und ihr Engagement haben.

HÖCHSTLEISTUNG

Du orientierst dich nicht am Durchschnitt, sondern strebst nach Perfektion. Nur mit intensivem Einsatz und verstärkten Anstrengungen kann eine unterdurchschnittliche Leistung über den Durchschnitt angehoben werden. Deiner Meinung nach ist dieses Ergebnis jedoch kaum der Mühe wert. Mit demselben Aufwand kann man eine bereits vorhandene Begabung perfektionieren, und das siehst du nun als echte Herausforderung an. Für dich gibt es nichts Fesselnderes als echtes Talent, und darunter verstehst du gleichermaßen dein eigenes wie das Talent anderer Menschen. Du gehst wie ein Edelsteinschleifer vor, der einen ganz unscheinbaren Stein in ein Kunstwerk verwandelt: Du betrachtest das Material aufmerksam und orientierst dich an den ersten Anzeichen wirklicher Begabung, wie zum Beispiel völlig überraschende hervorragende Leistungen, eine rasche Auffassungsgabe oder spielerisch erlernte Fertigkeiten. Dies alles sind Anhaltspunkte dafür, dass tatsächlich eine starke Begabung im Spiel ist. Und wenn du einmal auf ein solches Talent gestoßen bist, tust du alles dafür, um es auszubauen, zu kultivieren und bis zur Perfektion zu bringen. Du schleifst diese Begabung mit derselben Hingabe wie einen Rohdiamanten, der zum Schluss in allen Farben des Regenbogens zu funkeln beginnt. Deine Zeit verbringst du allerdings gerne mit Menschen, die deine speziellen Begabungen zu schätzen wissen. Und natürlich fühlst du dich zu Menschen hingezogen, die ebenfalls etwas aus ihrer Begabung machen. Dagegen gehst du Leuten aus dem Weg, die aus dir gerne einen adretten, durchschnittlichen Zeitgenossen machen würden – bestimmt findet sich ein anderes Opfer, das statt deiner bearbeitet werden kann. Du hast keine Lust, dir über Eigenschaften Gedanken zu machen, die dir abgehen. Du findest es sinnvoller, das vorhandene Talent zu bearbeiten. Das macht mehr Spaß, ist zudem auch produktiver, und es ist eine echte Herausforderung.

Anregungen

- Wähle die wichtigen Kurse nach deinen größten Talenten und deinen persönlichen Zielen aus. Vielleicht gibt es spezialisierte Programme für die Themen, die dich interessieren, in denen du dich weiterentwickeln kannst?

- Zu viel Zeit darauf zu verwenden, deine Schwächen auszugleichen, ist frustrierend und anstrengend. Versuche also soweit möglich, deine Schwächen zu umgehen. Musst du zum Beispiel ein Seminar belegen, von dem du weißt, dass du damit Schwierigkeiten haben wirst, tue dich mit Leuten zusammen, denen das Thema leichter fällt. Überlege, wie du dir sonst noch Unterstützung holen kannst. Vielleicht gibt es Tutorien, oder du gründest selbst eine Lerngruppe. Überlege dir, wie deine Talente schwächere Seiten an dir ausgleichen können.

- Führe Gespräche mit Spitzenkräften aus den Bereichen, die dich beruflich interessieren. Finde heraus, was sie an ihrer Arbeit am meisten schätzen. Vielleicht kannst du sie einen Tag lang bei der Arbeit begleiten, um zu sehen, wie ihr Alltag aussieht. Finde heraus, welche Talente, welches Wissen und welche Fertigkeiten für diese Jobs nötig sind.

- Gibt es Bereiche in deinem Leben, die du verbessern könntest? Wie kannst du das erreichen? Was braucht es, damit du in einer Sache nicht nur sehr gut, sondern super sein kannst? Arbeite an deinen Talenten und Fertigkeiten und definiere, was für dich Spitzenleistung heißt. Überlege dir einen Weg, wie du deine Fortschritte messen kannst.

- Dir fällt es leicht, bei anderen Menschen zu sehen, in welchen Bereichen sie sich noch verbessern können, doch manchmal lässt du dich von deinem eigenen Fortkommen ablenken. Suche dir einen Mentor, der dir hilft, dich auf deine Stärken zu konzentrieren. Suche regelmäßig das Gespräch mit ihm und anderen Rollenmodellen, um Einsichten, Rat und Inspiration zu bekommen, damit du den Sprung von gut zu sehr gut schaffst.

- Dir macht es riesig Spaß, anderen dabei zu helfen, ihr eigenes Potenzial zu entdecken. Ganz natürlich erkennst du, was andere Menschen am besten können. Vielleicht gibt es an deiner Uni ein Mentorenprogramm, an dem du als Mentor teilnehmen kannst. Vielleicht gibt es andere Möglichkeiten für dich, jemanden zu coachen. Wenn du die ersten Anzeichen für eine herausragende Fähigkeit siehst, kannst du demjenigen helfen, sie weiterzuentwickeln.

- Musst du dich mit der Lösung eines Problems beschäftigen, verlierst du leicht die Lust und Energie. So, wie du sehr gut weißt, worin du gut bist, weißt du wahrscheinlich auch, wann du Hilfe brauchst. Tue dich mit Menschen zusammen, deren Talent in Wiederherstellung besteht. Sie unterstützen dich darin, mit einem Problem klarzukommen und komplexe Frage zu klären. Sage ihnen, wie wichtig ihre Hilfe für deinen Erfolg ist.

- Erkläre deinen Freunden oder Mitbewohnern, warum du dich nicht lange damit abgibst, Probleme zu lösen.

- Menschen, die dich nicht gut kennen, könnten glauben, du seist arrogant und dir sei vieles egal, weil sie nicht wissen, dass dein Talent Höchstleistung ist. Erkläre ihnen, dass endlose Schwierigkeiten und Komplikationen dich Energie kosten und dass deine Stärke darin besteht zu erkennen, was funktioniert und wie man das meiste aus Situationen herausholt.

- Richte dein Augenmerk auf lange Beziehungen und nachhaltige Ziele. Viele Leute geben sich mit einfach erreichbaren Zielen und kurzfristigem Erfolg ab, aber dein Höchstleistung-Talent kommt am besten zur Geltung, wenn du dein Potenzial langanhaltend und ernsthaft nutzt.

- Schau bei deinem Betrieb oder an deiner Uni nach Aktivitäten, bei denen du etwas für deine Gesundheit tun und neue Leute kennenlernen kannst. Das wird sich auch positiv auf dein Engagement auswirken. Es wird dir Spaß machen, das Meiste aus deinen Freizeitaktivitäten herauszuholen.

- Schau dich nach Organisationen oder Teams um, die etwas Sinnvolles tun und dabei Herausragendes leisten. Dir bringt es nichts, dich bei einem Verein zu engagieren, wo die Mitglieder »ein bisschen mitmachen«, denn du willst dabei sein, wenn das, was dir wichtig ist, in hervorragender Weise umgesetzt wird.

- Übernimm ein Amt, das zu deiner persönlichen Zielsetzung passt. Du weißt ja, dass ein Team nur dann vorankommt, wenn es Talente hat. Versuch also, das Meiste aus deinem Talent zu machen. Mit deinem Talent für Höchstleistung zeigst du anderen, wo ihre eigenen Stärken liegen. Bringe Leute in Positionen, wo sie am besten ihre Stärken anbringen und entwickeln können. Jeder hat eine Begabung, für die es auch einen Bedarf gibt.

- Beschäftige dich mit Erfolg. Suche dir Menschen, die ihre Stärken entdeckt und kultiviert haben, und verbringe Zeit mit ihnen. Hast du Dozenten, die offensichtlich das machen, was sie am besten können? Sieht es bei ihnen leicht aus? Sprich mit ihnen darüber, welchen Einfluss ihre Talente und Stärken auf ihr Leben haben. Je klarer dir ist, wie man seine Stärken einsetzen kann, um Erfolg zu haben, desto leichter wird es dir fallen, selbst an deinem Erfolg zu arbeiten.

IDEENSAMMLER

Du interessierst dich für alles Mögliche und sammelst alles Mögliche – das können beispielsweise Wörter sein, Fakten, Bücher oder Zitate. Es kann sich auch um konkrete Gegenstände handeln wie Schmetterlinge, Münzen, Porzellanpuppen oder Fotografien. Du sammelst etwas Bestimmtes, weil es dich interessiert. Und eigentlich findest du vieles sehr interessant. Die ganze Welt ist aufgrund der Vielzahl und Komplexität der verschiedensten Lebewesen, Dinge und Sachverhalte ungemein aufregend. Wahrscheinlich liest du mit Begeisterung, wobei es dir weniger darum geht, eine bestimmte Theorie bis ins Detail auszufeilen, sondern darum, deine Archive um Information zu bereichern. Und wahrscheinlich reist du genauso gerne, weil es an jedem neuen Ort Neues zu sehen gibt. Die neue Information wird gesammelt und aufbewahrt. Eigentlich weißt du nicht so recht, warum du das zusammengetragene Material archivierst und wann oder wozu du es jemals wieder brauchen könntest. Aber wer weiß? Es könnte ja in Zukunft zu etwas nütze sein. Du hast eine ganze Reihe von möglichen Verwendungszwecken im Kopf und wirfst nur sehr ungern etwas weg. Also sammelst du weiter, stellst Material zusammen und bewahrst es auf. Für dich ist dies ein interessanter Vorgang, der deine geistige Frische erhält. Und vielleicht, vielleicht ja schon sehr bald, könnte irgendetwas davon nützlich sein.

Anregungen

- Suche dir ein Spezialgebiet innerhalb deines Hauptfachs oder Ausbildungszweigs und versuche, noch mehr Informationen darüber in Erfahrung zu bringen. Suche den Kontakt zu Dozenten und Kursleitern, die diese Themen unterrichten, und hol dir bei ihnen weitere Ideen, die über den Unterricht hinausgehen.

- Du bist von Natur aus neugierig, aber vielleicht musst du dir mehr Zeit nehmen, um dein Gehirn auf Trapp zu halten. Impulse bekommst du aus Büchern und Artikeln oder auf Reisen. Nimm dir Zeit, um dein Talent Ideensammeln zu kultivieren.

- Wie lernst du? Wie sammelst du Ideen? Durch Lesen, Leute, durch Zuhören oder andere Tätigkeiten? Überlege dir, was deine liebste Lernmethode ist, und wende sie im nächsten Semester gezielt an. Und versuche Dozenten und Kursleiter zu bekommen, die diesem Lernstil entsprechen.

- Es ist genauso wichtig zu wissen, wann man aufhört, wie stetig nach neuen Informationen zu suchen. Stell dir einen Wecker, wenn du recherchierst, damit du auch genügend Zeit hast, deine anderen Aufgaben rechtzeitig zu erledigen. Erstelle eine Liste mit den besten Internetseiten, damit du sie später auch wiederfindest.

- Wie kannst du die verschiedenen Informationen für deine Kurse priorisieren? Mache dir Notizen und vergleiche sie mit denen deiner Kommilitoninnen. Haben sie dieselben Prioritäten gesetzt? Auf diese Weise zeigt sich, ob du dich von deiner Faszination für bestimmte Inhalte hast ablenken lassen und der Stoff für deinen Kurs zu kurz gekommen ist.

- Dein Gehirn ist wie ein Schwamm. Ganz von allein nimmst du alle Informationen auf. Aber auch ein Schwamm behält nicht alle

Flüssigkeit, sondern gibt sie auch wieder ab. Du solltest nicht alles Gelernte einfach behalten. Alles aufzusaugen, ohne etwas auch wieder abzugeben, kann zu Stillstand führen. Während du Informationen sammelst, solltest du dich fragen, welcher Freund oder Arbeitskollege davon profitieren könnte – gib dein Wissen weiter!

▶ Tue dich mit einem höheren Semester oder erfahreneren Azubi mit dem Talent Fokus oder Disziplin zusammen, um deine Interessen auf produktive Weise zu kanalisieren und dein Wissen besser zu organisieren, damit du leichter Zugriff auf das Gelernte hast.

▶ Mit deinem Talent Ideensammler kannst du anderen helfen. Hat vielleicht eine Freundin ein Problem, versuche, mehr darüber herauszufinden. Ist ein Familienmitglied erkrankt, recherchiere online und schlage Fragen vor, die er oder sie beim nächsten Arztbesuch stellen kann.

▶ Wenn du Leute triffst, mit denen du gemeinsame Interessen hast, dann denke über die aktuelle Begegnung hinaus. Dein Ideensammler-Talent ist eine gute Hilfe, um eine Freundschaft aufzubauen. Hörst du von Veranstaltungen, die euer gemeinsames Interesse betreffen, sei es ein Musikfestival oder ein spannender Vortrag, frag sie, ob sie mitkommen wollen.

▶ Deine Gedanken stehen niemals still, und du hast Spaß daran, zu überlegen, zu lesen und Dinge zu erforschen. Doch manchmal kommt dir dein Schlafbedürfnis dazwischen. Denke dir ein System aus, um wirklich genug Schlaf zu bekommen. Recherchiere beispielsweise, was die besten Einschlafhilfen sind, wie viel Schlaf der Mensch braucht oder wie man sich vor dem Schlafengehen entspannen kann.

- Du bist sehr erfinderisch. Wenn es darum geht, ein Team zusammenzustellen, ist das ein großer Vorteil. Dir fällt es leicht, Posten mit den richtigen Leuten zu besetzen, weil du die Stärken und Talente der Mitmenschen »sammelst«. Setze dich für die Teamentwicklung deiner Organisation oder deines Vereines ein.

- Trage Informationen über Organisationen, die ehrenamtlich arbeiten und die dich interessieren, zusammen. Mache eine Online-Recherche, besuche Messen für ehrenamtliche Arbeit und sammele Infoblätter. Je mehr Informationen du findest, desto besser wird deine Entscheidung ausfallen.

- Andere trauen dir eine Leitungsposition zu, weil sie wissen, wie erfinderisch du bist und dass du Informationen über die neuesten Entwicklungen hast. Mach ihnen klar, dass du gern ihre Fragen beantwortest und drängende Probleme recherchierst. Nutz dein Talent Ideensammler dafür, Kontakte zu Kommilitonen oder Kollegen zu knüpfen. Vielleicht gibt es tatsächlich eine Leitungsposition, in der du anbringen kannst, was du an Informationen gesammelt hast.

INTEGRATIONSBESTREBEN

Du bist davon überzeugt, dass alle Menschen in irgendeiner Weise integriert werden sollten, um sich als Teil einer Gruppe zu fühlen. Im Unterschied zu Menschen, die sich gerne in exklusiven Zirkeln bewegen, gehst du Kreisen aus dem Weg, bei denen nicht alle gleichermaßen willkommen sind. Du erweiterst dagegen deinen Kreis ständig, damit so viele wie möglich daran teilnehmen und ihren Nutzen daraus ziehen können. Dir missfällt die Vorstellung, dass Menschen ausgeschlossen werden und ganz alleine dastehen. Du trittst dafür ein, alle zu integrieren und an dem wohligen Gefühl der Zusammengehörigkeit teilnehmen zu lassen. Du nimmst andere, wie sie sind, und misst Unterschieden im Hinblick auf die ethnische Zugehörigkeit, auf religiöse Überzeugungen und persönliche Veranlagungen keine große Bedeutung bei. Du hältst dich mit Urteilen über andere Menschen zurück, denn wozu solltest du jemanden unnötig kränken? Im Grunde bist du anderen gegenüber auch nicht etwa deshalb so tolerant, weil du davon ausgehst, dass alle Menschen verschieden sind und man die Verschiedenheit eben respektieren muss. Du bist vielmehr davon überzeugt, dass alle Menschen gleich sind. Alle sind gleichermaßen etwas Besonderes, und alle sind gleich wichtig, deswegen haben alle das Recht, beachtet zu werden. Alle müssen integriert werden, das sind wir einander schuldig.

Anregungen

- Gründe eine Lerngruppe. Sollten einige deiner Studien- oder Arbeitskollegen nicht viel reden, ermuntere sie, bei dem Gespräch mitzumachen. Von Natur aus gelingt es dir, allen das Gefühl zu geben, dass sie dazugehören und respektiert werden.

- Besuche Vorträge oder Vorlesungen von Gastdozenten oder internationalen Gästen. Wenn es einen Diskussionsteil gibt, stell dich den anderen Zuhörern vor und ermuntere sie, am Gespräch teilzunehmen.

- Suche dir Kurse aus, in denen es um bestimmte Bevölkerungsgruppen geht, wie Soziologie oder Ethnologie. Etwas über unterschiedliche Kulturen und Hintergründe zu erfahren, ist genau dein Ding. Dir fällt es leicht, dabei die Gemeinsamkeiten zu erkennen. Nutze dein Wissen, um deinen Freunden nahezubringen, dass sie zunächst nach den Gemeinsamkeiten schauen sollten, um die Unterschiede zwischen Menschen zu respektieren.

- Mach in der Gruppe mit, die die Erstsemester oder neuen Azubis begrüßt. Du kannst der oder die Erste sein, die sie in der neuen Umgebung kennenlernen. Stelle sie anderen Studierenden oder Kollegen vor. So lernst du viele neue Leute kennen. Die erste Person, die dafür sorgt, dass man sich in einer neuen Situation wohlfühlt, vergisst man nicht.

- Du kannst deinen Freunden oder Mitbewohnern dabei helfen, die »Neuen« miteinzubeziehen. Einige Menschen brauchen einen kleinen Anstoß, um ihre Komfortzone zu verlassen und eine neue Person in ihren Freundeskreis aufzunehmen. Zeige ihnen, dass sie eine Chance vergeben, einen für die Zukunft wichtigen Kontakt kennenzulernen, wenn sie jemanden ausschließen.

- Ergreife die Initiative für eine Aktivität oder ein Event in deinem Wohnheim oder deiner Wohngemeinschaft. Dir machte es Spaß, Leute zusammenzubringen, die sich normalerweise nie treffen würden.

- In einigen Situationen ist weniger mehr. Dies zu akzeptieren, fällt dir manchmal schwer. Für dich ist es schwierig, nur einige wenige Freunde einzuladen, wenn es darum geht, einen gemütlichen Abend zu planen. Hin und wieder ist es auch in Ordnung, nicht alle miteinzubeziehen. Tue dich mit jemandem zusammen, dessen Talent Autorität ist, um einen Strich unter die Gästeliste zu setzen.

- Dir geht es am besten, wenn du dich in einer Umgebung aufhältst, die von Offenheit und Herzlichkeit geprägt ist. Du ziehst einen lockeren und entspannten Fitnesskurs einem intensiven militärischen Training vor, der aus der Konkurrenz der Einzelkämpfer besteht, die da mitmachen. Auch in deiner Umgebung gibt es Fitnesskurse, die auf Spaß für alle ausgerichtet sind – lade deine Freunde ein, dich zu begleiten.

- Du bist freundlich und nahbar, dadurch kannst du Gruppen und Mannschaften zusammenbringen. Vielleicht gibt es einen Breitensportkurs, der dich interessiert. Schreib dich für das kommende Semester ein, und frage deine Freunde oder Studien- oder Arbeitskollegen, ob sie mitmachen wollen.

- Welche Dozenten, Kurssprecher oder führenden Persönlichkeiten in der Öffentlichkeit bewunderst du für ihre Fähigkeit, jeden so zu akzeptieren, wie er ist? Suche mit ihnen das Gespräch über die Bedeutung von Toleranz. Diese Experten für Integrationsbestreben inspirieren dich und stärken deine Talente.

- Dein Integrationsbestreben blüht dann auf, wenn du dich um Neuankömmlinge kümmern kannst. Dafür ist die Ausbildung oder das Studium eine ausgezeichnete Gelegenheit. Melde dich freiwillig, um neue Mitglieder der Gemeinschaft willkommen zu heißen und ihnen zu helfen, sich wohlzufühlen. Möglichkeiten dazu sind die Orientierungswochen, die Position des Ansprechpartners für neue Studierende oder Azubis oder die Gruppe, die solche Aktivitäten organisiert.

▶ Macht es dir Freude, Menschen, die in der Öffentlichkeit keine Beachtung finden, eine Stimme zu verleihen? Welche Organisationen setzen sich für Menschen, die sozial und wirtschaftlich unterprivilegiert sind, ein? Trainiere dein Talent Integrationsbestreben, in dem du eine ehrenamtliche Aufgabe oder einen Tutorenjob in solchen Organisationen übernimmst.

▶ Projekte, die Diversität stärken, bieten Chancen zur Mitarbeit. Du kannst wirklich etwas bewegen, wenn du dich für das Bewusstsein für Diversität einsetzt. Hole einen Freund dazu, dessen Mitarbeit möglicherweise die Sache voranbringt.

INTELLEKT

Du hast eine Vorliebe fürs Nachdenken sowie für überhaupt jede geistige Aktivität. Mit Vergnügen trainierst du deine grauen Zellen, indem du sie ständig in Bewegung hältst. Möglicherweise richtet sich deine geistige Aktivität auf einen bestimmten Gegenstand, wie zum Beispiel auf die Lösung eines bestimmten Problems, auf die Entwicklung einer bestimmten Idee oder auf das Verständnis von anderen Menschen. Womit genau sich dein Verstand beschäftigt, ist von deinen übrigen Stärken abhängig. Es ist jedoch auch möglich, dass deine geistige Aktivität nicht zielgerichtet ist. Bei der hier beschriebenen Eigenschaft geht es nicht darum, womit sich dein Verstand auseinandersetzt, sondern lediglich darum, dass du ihn ständig beschäftigst. Du leistest dir in gewisser Weise am liebsten selbst Gesellschaft, weil du dann ganz ungestört in dich hineinhorchen und deinen Gedanken nachgehen kannst. Du genießt es, alleine zu sein, denn sowohl die Fragen als auch die Antworten kommen aus deinem Inneren. Dies kann bisweilen dazu führen, dass du angesichts der Diskrepanz zwischen deiner eigentlichen Tätigkeit und deiner lebhaften Gedankenwelt eine gewisse Unzufriedenheit verspürst. Es ist jedoch auch möglich, dass sich deine Gedanken ganz pragmatischen Dingen zuwenden, wie zum Beispiel den konkreten Tagesereignissen oder einem bevorstehenden Gespräch. Ein Leben ohne ständige geistige Aktivität ist für dich unvorstellbar.

Anregungen

▶ Du denkst über große Fragen nach und hältst damit nicht hinter dem Berg. Nutze dieses Talent, dir selbst einige Fragen zu stellen. Wann hast du dich am meisten über deine Errungenschaften gefreut? Was hast du dafür getan? Wo hast du deine Talente erfolgreich eingesetzt? Diese intensive Reflexion über deine Stärken macht dich noch stärker und selbstbewusster.

▶ Wann kannst du dich am besten auf deine Gedanken konzentrieren – allein oder in Gesellschaft, in einer ruhigen Umgebung oder wenn es trubeliger ist, im Sitzen oder in der Bewegung? Finde heraus, was für dich die beste Atmosphäre ist, um nachzudenken, und sorge dafür, dass du dir die Zeit nimmst, die du zum Denken brauchst.

▶ Folge deiner intellektuellen Neugier und stelle die Fragen, die dir einfallen – das darfst du dir erlauben. So verbesserst du deinen Lernstil.

▶ Führe Tagebuch, um regelmäßig deine Gedanken aufzuschreiben. Das ist der Stoff für deine grauen Zellen, und vielleicht entdeckst du darin noch wertvolle Erkenntnisse. Möglicherweise ist das schriftliche Festhalten die beste Art, deine Gedanken zu präzisieren und zu speichern.

▶ Finde Biografien von Menschen, die die Berufe ausüben, die dich interessieren. Informiere dich bei Jobcentern und bei der Berufsberatung über Jobs. Durch schriftliches Material bekommst du Klarheit, welcher Beruf am besten zu dir passt. Besprich mit deinen Freunden deine Optionen und darüber, wie du die Sache angegangen bist.

▶ Wenn du bei einer philosophischen Debatte hitzig mitdiskutierst, könnte das Menschen abschrecken, die nicht ganz so intelligent sind wie du. Tue dich mit jemandem zusammen, dessen Talente Einfühlungsvermögen oder Positive Einstellung sind, damit sie dich darauf aufmerksam machen kann, wenn sich andere bei intensiven Diskussionen unwohl fühlen.

▶ Einige Menschen möchten, dass du mit ihnen denkst, anderen wäre es recht, wenn du für sie denkst. Für dich ergeben sich Beziehungen mit Menschen, die dich ergänzen, weil du die Dinge aus einem ganz anderen Winkel als sie betrachtest. Für Freunde, die entschlossen und handlungsorientiert sind, bist du ein guter Gesprächspartner, um gemeinsam mit ihnen Wege zum Erfolg zu reflektieren.

▶ Tue dich mit anderen Studien- oder Arbeitskolleginnen zusammen, die du für große Denkerinnen und Denker hältst. Wie können sie dich inspirieren, dein eigenes Denken zu verbessern?

▶ Vergiss nicht, dass andere Menschen nicht in deinen Kopf gucken können. Versuche, deine Gedanken so zu formulieren, dass die anderen dich besser verstehen. Gib ihnen einen Einblick, was sich in deinem Kopf abspielt, indem du deine Ideen in für sie verständliche Worte übersetzt. Gib ihnen Zeit, das Gehörte zu verarbeiten und Fragen zu stellen.

▶ Erkläre deinen Freunden und Mitbewohnern, dass dein Bedürfnis nach Ruhe und Einsamkeit für dein Wohlbefinden wichtig ist und dass es dir einfach nur darum geht, in Ruhe nachdenken zu können. Mach ihnen klar, dass du sie weder ignorierst noch ihnen aus dem Weg gehst, sondern dass es dir wichtig ist, in der Uni und in Beziehungen dein Bestes zu geben – und um das tun zu können, brauchst du Zeit, allein nachzudenken.

▶ Du bist in Hochform, wenn du die Zeit hast, einer intellektuellen Idee zu folgen und zu schauen, wohin sie dich führt. Andere Menschen bitten dich um deine Meinung, weil sie deine präzise

Reflexion schätzen. Engagiere dich bei Freizeitaktivitäten, ehrenamtlichen Projekten und Events, die mit Öffentlichkeit zu tun haben, damit deine Gedanken einen größeren Einfluss auf längerfristige Ergebnisse nehmen können.

▶ Was inspiriert dich intellektuell? Welche Ideen würdest du gern noch weiterverfolgen oder diskutieren? Vielleicht solltest du für einen Blog schreiben, um deinen Intellekt noch weiter zu stimulieren. Nutze dein Bedürfnis, dich Überlegungen hinzugeben und zu grübeln, wenn du dich mit anderen Azubis oder Studierenden über globale Themen austauschst, die für deine derzeitige Lebenssituation, deine Generation und deine Zukunft wichtig sind.

▶ Suche andere Studierende oder Auszubildende, die sich für dieselben Themen wie du interessieren. Organisiere eine Diskussionsgruppe, und ermuntere die Teilnehmer dazu, ihr volles intellektuelles Potenzial auszuschöpfen, indem du ihre Fragen in einen anderen Kontext stellst und sie am Gespräch beteiligst.

KOMMUNIKATIONSFÄHIGKEIT

Du fühlst dich wohl, wenn du etwas erklären oder beschreiben darfst. Du liebst öffentliche Auftritte, Du übernimmst gerne die Aufgaben eines Moderators, und natürlich schreibst du auch gerne. Kommunikation ist dein Leben. Ideen und Ereignisse sind in deinen Augen dagegen eher unscheinbar, nüchtern und fantasielos. Und liebend gern greifst du hier ein und bringst scheinbar langweilige Geschichten zum Schillern, indem du sie auf lebendige, aufregende Weise darstellst. Eine einfache Begebenheit verwandelst du in eine spannende Story und erzählst sie in den buntesten Farben. Einen ganz banalen Einfall präsentierst du ausgeschmückt mit Bildern, Beispielen und Metaphern. Du gehst davon aus, dass die meisten Menschen nur für kurze Zeit in der Lage sind, wirklich zuzuhören. Von der Informationsflut, mit der wir alle ständig überhäuft werden, bleibt letztlich nicht viel hängen. Dir ist jedoch daran gelegen, dass die von dir bereitgestellte Information – und zwar unabhängig davon, ob es sich hier um eine Idee, eine Begebenheit, die Eigenschaften und Vorteile eines bestimmten Produktes, eine Entdeckung oder Unterrichtsstoff handelt – sich bei deinen Zuhörern festsetzt. Du bist bestrebt, die Aufmerksamkeit deiner Umgebung zunächst auf dich zu lenken und dann nicht wieder loszulassen. Dafür suchst du nach einer möglichst plastischen Ausdrucksweise und würzt deinen Redefluss mit der nötigen Dramatik. Und tatsächlich hört man dir zu. Du hast die Begabung, das Interesse deiner Mitmenschen zu wecken, deren Blick zu schärfen und sie zum Handeln anzuregen.

Anregungen

- Wie kann es dir gelingen, die Aufmerksamkeit deiner Zuhörer zu fesseln? Verpacke deine Ideen, eine Theorie, naturwissenschaftliche Gesetzmäßigkeiten, philosophische Gedanken oder ethische Fragen in eine Geschichte. Versuche, deine Lerngruppe mit Anekdoten zu unterhalten, die Mathematik, Geschichte, Naturwissenschaften oder die Künste lebendiger machen. Mit bildhaften Erzählungen kannst du dafür sorgen, dass sie besser lernen und das Gelernte besser behalten.

- Wenn du ein Referat hältst, achte genau auf deine Kommilitoninnen, Mitauszubildenden und Dozentinnen. Beobachte ihre Reaktionen auf einzelne Teile deines Vortrags. Du wirst feststellen, dass einige Aspekte sie mehr fesseln als andere. Überlege dir im Anschluss, welche Aspekte deine Zuhörerschaft besonders angesprochen haben. Greife auf diese Highlights zurück, wenn du dein nächstes Referat vorbereitest.

- Welche Dozenten von dir können gut zuhören? Mache mit ihnen einen Termin und nutze die Tatsache, dass sie davon ausgehen, dass du den größeren Redeanteil haben wirst. Dir ist es wichtig, dass dir ungeteilte Aufmerksamkeit geschenkt wird – wie es gute Zuhörer nun mal tun. Besprechungen mit deinen Dozentinnen geben deiner Kommunikationskompetenz neuen Schwung.

- Als du heute ein Gespräch geführt hast, hast du darauf geachtet, wie die Leute auf dich reagiert haben? Ist es dir gelungen, ihre Aufmerksamkeit zu bekommen oder sie zum Lachen zu bringen? Nutze deine Kommunikationsfähigkeit, andere ins Gespräch einzubeziehen, insbesondere wenn sie neu in der Gruppe sind.

- Was sind die Werte, philosophischen Ansichten, Hauptärgernisse und Meinungen deiner Freunde und Mitbewohner? Sprecht darüber, lernt euch besser kennen und verbessert so euer Verhältnis. Du hast ein Talent für Sprache, also formuliere die perfekte Frage, damit andere etwas über sich erzählen.

▸ Es gibt Menschen, die denken, bevor sie den Mund aufmachen, wiederum andere denken, während sie sprechen. Wahrscheinlich gehörst du zu Letzteren. Du äußerst deine Gedanken laut, um gemeinsam mit deinem Gegenüber deine Ideen zu ventilieren. Tue dich mit Menschen zusammen, die für dich das Publikum sind, das du brauchst, um Themen durchzudenken.

▸ Sprich einen Freund oder Mentor an, dessen stärkstes Talent im Einfühlungsvermögen besteht. Diese Person kann dich daran erinnern, auf die Gefühle von anderen Rücksicht zu nehmen, wenn du mit ihnen kommunizierst. Diese Aufmerksamkeit wird deine Stärken in der Gesprächsführung noch weiter verbessern. Praktiziere aktives Zuhören, um den anderen zu zeigen, dass dir ihre Meinungen wichtig sind.

▸ Dein Talent besteht darin, die richtigen Worte für die Gefühle anderer zu finden – was ihnen manchmal selbst nicht gelingt. Präzisiere für deine Freunde, was ihre größten Probleme sind, über die sie sprechen möchten. Verleihe ihren Gefühlen Worte. Wenn man anderen hilft, die richtigen Worte für ihre Gefühle zu finden, ist das eine gute Möglichkeit, ihnen Unterstützung zu bieten.

▸ Wenn dir auch Schreiben Spaß macht, solltest du vielleicht herausfinden, ob es eine eigene Uni-Zeitung oder ein Online-Newsletter für die Auszubildenden gibt. Liegt deine Stärke im Sprechen vor Publikum, suche dir Kurse aus, in denen Referate fester Bestandteil sind. Du lässt dich von der Möglichkeit begeistern, anderen deine Gedanken mitzuteilen. Was ist der beste Weg, um deine Inhalte und deine Meinungen zu transportieren? Deine Kommunikationsfähigkeit hilft dir dabei, genau das richtige Medium zu finden, um deine Ideen zu verbreiten oder dich für eine Sache einzusetzen.

- ▶ Sprich für die Theatergruppe vor, selbst wenn dein Studienfach nicht darstellende Kunst ist. Das Schauspielern zeigt dir Wege auf, Worte, nonverbale Kommunikation und Bewegung auf der Bühne zu nutzen. Durch diese neuen Kommunikationskanäle kannst du deine Gedanken präzisieren und deine Geschichte besser erzählen.

- ▶ Vielleicht ist es genau das Richtige für dich, Sprecher einer gemeinnützigen Organisation, eines Vereins oder eines Clubs zu werden oder ein Produkt zu bewerben. Übe deine Kommunikationsfähigkeit, um in der Öffentlichkeit eine Sache zu vertreten, an die du glaubst. Das könnte dir die Türen für deine weitere Karriere öffnen.

- ▶ Welche Dozenten oder Sprecher von Organisationen bewunderst du für ihre Fähigkeit, andere zu begeistern? Achte auf ihren Kommunikationsstil. Welche Worte wählen sie, wie ist ihr Timing und ihre Mimik? Vielleicht besteht die Chance, dass sie für dich einen Job haben? Nicht nur macht sich diese praktische Erfahrung gut in deinem Lebenslauf, du kannst auch viel von diesen Führungspersönlichkeiten hinsichtlich Kommunikation lernen.

- ▶ Arbeite ehrenamtlich in einer Organisation, deren Ziele mit deinen übereinstimmen und dir die Gelegenheit bieten, gemeinsam mit anderen etwas Sinnvolles zu tun. Du blühst auf, wenn du deine Gedanken mit anderen austauschen kannst. Vielleicht lernst du auch mit anderen zusammen besser als allein.

KONTAKTFREUDIGKEIT

Mit Vergnügen gehst du auf unbekannte Menschen zu und gewinnst deren Sympathie im Handumdrehen. Fremde Gesichter haben für dich etwas ungemein Anziehendes. Lächelnd gehst du auf Fremde zu, stellst dich vor, beginnst das Gespräch mit ein paar unverfänglichen Fragen und findest auf Anhieb gleiche Interessensgebiete, an denen sich die weitere Unterhaltung orientiert. Manche Menschen gehen Gesprächen mit Unbekannten eher aus dem Weg, weil sie befürchten, dass ihnen der Gesprächsstoff ausgehen könnte. Im Gegensatz dazu fehlen dir nur ganz selten die Worte, und du findest es spannend, auf fremde Menschen zuzugehen. Dir bereitet es jedes Mal aufs Neue Vergnügen, das Eis zu brechen und zu beobachten, wie dein Gegenüber auftaut. Sobald du deine Gesprächspartner an diesem Punkt hast, beendest du das Gespräch ebenso gerne wieder und ziehst deines Weges. Denn da warten bereits scharenweise Unbekannte, die ebenfalls kennengelernt werden wollen, es locken neue Umgebungen und Gruppen, unter die du dich mischen musst. In deiner Welt gibt es keine Fremden. Nur Freunde, die du noch nicht kennengelernt hast, und davon gibt es ziemlich viele.

Anregungen

- Egal, um was es geht: Suche die Nähe zu Menschen. Lerne in Umgebungen, wo sich auch andere aufhalten: in der Bibliothek oder im Coffee-Shop um die Ecke. Gleiche deine akademische Arbeit mit Freizeitaktivitäten aus, um viel Zeit in Gesellschaft zu verbringen.

- An wen erinnert dich die Lektüre, die du lesen musst? Da dich Menschen faszinieren, ist es wahrscheinlicher, dass du das Gelesene besser behältst, wenn du es mit Leuten verknüpfst, die du kennst. So bist du engagierter bei der Sache und weniger schnell gelangweilt.

- Versuche, die Kursleiterinnen oder Dozentinnen kennenzulernen, bevor du dich für ihre Kurse entscheidest. Wie unterrichten sie? Vorlesung, Frontalunterricht oder gibt es auch Diskussionen beziehungsweise Gruppenarbeit? Erkundige dich bei anderen Studierenden oder Auszubildenden, wie die Dozenten sind, damit du die richtigen Kurse für dich findest. Deine Talente blühen auf, wenn du Seminare besuchst, in denen du zu Wort kommst und mit anderen zusammenarbeitest.

- Lerne viele Leute in möglichst unterschiedlichen Berufen kennen. Je mehr du von ihnen erfährst, desto besser kannst du einschätzen, wo du einsteigen möchtest. Außerdem knüpfst du so möglicherweise wichtige berufliche und soziale Kontakte für später.

- Wo du bist, da ist was los. Mach dir den Einfluss klar, den deine Anwesenheit und deine Kontaktfreude ausüben. Sie öffnen dir die Türen zum Gedankenaustausch sowohl in deinen Kursen als auch in der Freizeit. Einfach, indem du ein Gespräch beginnst und andere Menschen und ihre Talente einbeziehst, sorgst du dafür, dass die Leistung der Gruppe um einiges steigt.

- Bring die Leute, die du kennst, zusammen. Sie werden es genauso wie du genießen, Menschen aus ganz verschiedenen Zusammenhängen kennenzulernen. Und neue Kontakte zu knüpfen, führt vielleicht dazu, dass deine Freunde und Mitbewohner auch die eigenen Netzwerke ausbauen.

- Wohin du auch gehst, findest du neue Freunde und Fans, und das ist gut so. Aber vergiss nicht, dass du auch noch viele andere Talente und Qualitäten hast. Deine Kontaktfreudigkeit überstrahlt sie alle, wenn du nicht aufpasst. Nutze aber alle deine Talente und Stärken, und besinne dich auch auf sie, räume auch ihnen Zeit ein. Es wäre sonst schade drum.

- Um langwährende Beziehungen aufzubauen, tust du dich am besten mit Menschen zusammen, deren Talente in Einfühlungsvermögen oder Bindungsfähigkeit bestehen. Dein Muster sieht so aus: treffen, kennenlernen, von dir überzeugen, der Nächste bitte. Langjährige Beziehungen aber brauchen Zeit und Rücksichtnahme, das kannst du von ihnen lernen.

- Suchst du zufällig gerade nach einem Nebenjob, halte Ausschau nach Firmen, die mit Services für Studierende zu tun haben. Arbeitest du in einem Unternehmen, wo auch andere Studierende jobben oder zu der Kundschaft gehören, hast du die Gelegenheit, andere von der Uni kennenzulernen. Versuche, dank deiner Kontaktfreudigkeit einen bezahlten Praktikumsplatz zu bekommen.

- Welche Werte hast du? Menschen mit großer Kontaktfreudigkeit sind die geborenen Aktivisten. Setze dich für Menschen und Ziele ein, die deinem Wertesystem entsprechen.

- Besuche die Partys von Studierendenvereinigungen, um herauszufinden, ob deren Aktivitäten etwas für dich wären. Ob du nun irgendwo mitmachst oder nicht, diese Veranstaltungen sind eine tolle Gelegenheit, viele neue Leute kennenzulernen und Kontakte zu knüpfen, die vielleicht zu Freundschaften werden, die ein Leben lang halten.

- Hast du dir mal überlegt, für ein Amt zu kandidieren? Mit deiner besonderen Kontaktfreudigkeit lernst du schnell Leute kennen und machst immer einen guten ersten Eindruck. Solltest du kandidieren, lade deine Freunde und Kollegen ein, dich dabei zu unterstützen.

- Vielleicht solltest du dich bei der Orientierungswoche engagieren. Es wird dir Spaß machen, die Erstsemester oder die neuen Auszubildenden zu treffen und ihnen zu helfen, die ersten Kontakte zu knüpfen.

KONTEXT

Du richtest deinen Blick zurück in die Vergangenheit, um die Gegenwart zu verstehen und zukünftige Entwicklungen vorherzusehen. Du willst wissen, womit alles anfing, deswegen liest du Geschichtsbücher und Biografien und stellst deinen Bekannten Fragen zu ihrem bisherigen Leben. Du blickst zurück, weil du in der Vergangenheit die Antworten auf aktuelle Fragen findest. Die Gegenwart erlebst du eher als unübersichtliches Stimmengewirr, der Rückblick in eine Zeit, in der die Entwürfe, auf denen die Gegenwart aufbaut, erst im Entstehen begriffen waren, liefert dir dagegen Orientierungspunkte und Sicherheit. Die Vergangenheit bietet dir eine größere Klarheit und Übersichtlichkeit als die Gegenwart. Deshalb verfolgst du die Realitäten zurück zu ihrem Ursprung, der in den Entwürfen angelegt ist. Du gehst zurück zu den ursprünglichen Absichten. Diese haben sich auf dem Weg der Realisierung so stark verändert, dass sie in der Gegenwart bisweilen kaum wiederzuerkennen sind. Mit deinem Sinn für Zusammenhänge holst du sie jedoch wieder ans Tageslicht. Nun, wo du dir einen Überblick verschafft hast, bist du in der Lage, angemessene Entscheidungen zu treffen. Du findest beispielsweise zu einer besseren Zusammenarbeit mit deinen Kommilitonen und Kollegen, weil du nun plötzlich verstehst, welche Entwicklung diese hinter sich haben. Und gleichzeitig gewinnst du Erkenntnisse über die Zukunft, weil dir bewusst geworden ist, dass sie ihren Ursprung in der augenblicklichen Gegenwart hat. Stehst du neuen Personen und neuen Situationen gegenüber, dauert es gewöhnlich eine Weile, bis du dich orientiert hast. Diese Zeit solltest du dir jedoch nehmen. Stelle ruhig alle notwendigen Fragen. Verfolge die Gegenwart zurück zu ihren Ursprüngen. Denn wenn du nicht den Anfang einer Geschichte kennst, fällt es dir schwer, eine Rolle darin zu übernehmen.

Anregungen

▸ Bevor du mit einer Hausarbeit oder einem Referat beginnst, erkundige dich bei deinen Dozenten, ob du eine Arbeit lesen kannst, die sie als sehr gut bewertet haben. So kannst du sehen, wie andere an diese Aufgabe herangegangen sind.

▸ Dich interessieren aktuelle politische Themen wie Kriege, Allianzen, Finanzpolitik, Handelsabkommen und Verträge. Um zu verstehen, was dazu geführt hat, schreibe dich in Seminare in Religionswissenschaften, Geografie, VWL oder Philosophie ein.

▸ Wie würdest du deine Herangehensweise an Prüfungen beschreiben? Wie hast du das bisher gemacht? Gibt es Muster? Überlege, mit welcher Strategie du die besten Ergebnisse erzielt hat. Bereite dich dementsprechend vor und übernimm die Lerntechniken, die in der Vergangenheit zum Erfolg geführt haben.

▸ Offensichtlich ist Geschichte das Fach für Menschen mit einem starken Kontext-Talent. Aber auch andere Fächer sind geeignet, um dich deinem Karriereziel näherzubringen: Jura, Stadtplanung, Sozialarbeit, darstellende Kunst oder Pädagogik. Analysiere deine Karrieremöglichkeiten bei einer Berufs- oder Studienberatung und hole dir dort Feedback.

▸ Du bist fasziniert von der Frage, welche Hintergründe, Geschichten und prägenden Ereignisse Menschen zu dem gemacht haben, was sie heute sind. Entlocke neuen Freunden oder Studien- oder Arbeitskollegen ihre Geschichte – dir macht es ebenso Spaß zuzuhören, wie sie sich darüber freuen werden, sie zu erzählen. Indem du dich für ihre Lebensgeschichte interessierst, zeigst du ihnen, dass sie dir wichtig sind, und das führt dazu, dass sich euer Verhältnis festigt.

- Wenn deine Freunde gerade eine schwierige Phase durchmachen, frage sie, wie sie mit solchen Situationen in der Vergangenheit umgegangen sind. Deine einfühlsamen Fragen helfen ihnen, die aktuellen Vorgänge in Relation zu sehen, und schützen sie möglicherweise davor, alte Fehler zu wiederholen. Du bringst sie dazu, ihre Stärken in der Vergangenheit zu sehen, sodass sie mit Hoffnung und Zuversicht in die Zukunft blicken können.

- Weil du gerne Lehren aus der Vergangenheit ziehst, besteht die Gefahr, dass du das Gefühl hast, du müsstest alles immer so machen, wie man es schon immer gemacht hat. Wenn es dir schwerfällt, deine Herangehensweise zu verändern, tue dich mit jemandem zusammen, dessen Talent in Höchstleistung besteht. Er hilft dir, deine bisherigen Verhaltensweisen und Methoden zu verbessern.

- Suche den Kontakt zu dir bekannten und unbekannten Leuten, die du wegen ihrer Arbeit in deinem Interessensbereich bewunderst. Frage sie danach, welche Entscheidungen und Entwicklungen sie zu ihrer Karriere geführt haben. Du wirst überrascht sein, wie viele Leute, sogar vielbeschäftigte und erfolgreiche Menschen, sich für dich Zeit nehmen werden.

- Tue dich mit Menschen zusammen, die eine besonders starke Zukunftsorientierung haben. Sie können dir dabei helfen, die Brücke von der Vergangenheit in die Zukunft zu schlagen.

- Befrage die Mitglieder deiner Arbeitsgruppe oder deines Teams nach ihren persönlichen und schulischen Erfahrungen. Wenn du weißt, welchen Hintergrund sie haben, fällt dir die Zusammenarbeit mit ihnen leichter.

- Denke über deine bisherigen Erfolge nach und welche Bewältigungsstrategien du angewandt hast. Was davon kannst du heute umsetzen? Vielleicht wäre ein ehrenamtlicher Job in einer Beratungsstelle für Studierende oder Auszubildende etwas für dich, wo du deine Talente anbringen kannst. Dort kannst du anderen helfen, beispielsweise mit Stress, Beziehungsproblemen oder Ängsten umzugehen.

▶ Forsche beispielsweise in deiner Studierendenvereinigung oder im Sportverein nach deren Vergangenheit. So hilfst du der Organisation, im Rückblick auf die Wurzeln die eigene Kultur besser zu verstehen. Symbole und Geschichten stehen für die Vergangenheit. Vielleicht macht es dir Spaß, sie zusammenzutragen oder aufzuschreiben. Du weißt, dass die Werte und Ziele einer Organisation auf dem Wissen und der Tradition ihrer (ehemaligen) Mitglieder beruht. Teile deine Erkenntnisse über diese Vergangenheit den anderen mit, vielleicht lassen sie sich davon für die Gegenwart inspirieren.

▶ Gründe eine Lesegruppe zusammen mit anderen, die ebenfalls ein großes Talent für Kontext haben. Lest gemeinsam (Auto-)Biografien, Lebensgeschichten, Geschichtsbücher oder historische Romane. Es macht dir Spaß, Erzählungen über das Leben der anderen und über vergangene Geschehnisse zu analysieren. Das Verständnis der Wurzeln hilft dir, die Folgen von Handlungen zu verstehen.

LEISTUNGSORIENTIERUNG

Du wirst von einem beständigen Bedürfnis getrieben, etwas zu erreichen und Leistung zu erbringen. Du fängst jeden Tag bei null an und brauchst am Abend ein greifbares Ergebnis, sonst bist du mit dir selbst unzufrieden. Auch an Wochenenden und Urlaubstagen machst du keine Pause. Für dich spielt es keine Rolle, dass du eigentlich längst eine Ruhephase verdient hättest – ein Tag, an dem du nichts geleistet hast, ist für dich verlorene Zeit. Angetrieben von deinem Ehrgeiz, willst du ständig mehr schaffen, mehr erreichen. Wenn du dann an einem bestimmten Ziel angelangt bist, ist dein Ehrgeiz nur für kurze Zeit zufrieden gestellt, bald schon wirst du von Neuem angestachelt und steuerst neue Ziele an. Möglicherweise folgt dein Ehrgeiz keiner tieferen Logik und ist auch nicht auf ein konkretes Ziel ausgerichtet, im Wesentlichen zeichnet er sich durch Unersättlichkeit und Dauerhaftigkeit aus. Als leistungsorientierter Mensch musst du lernen, mit einer beständig nagenden Unzufriedenheit zu leben, die jedoch auch verschiedene positive Seiten aufweist. Sie ist die Triebfeder, die dich harte Arbeitstage durchstehen lässt, ohne innerlich auszubrennen. Deine Unzufriedenheit vereinfacht dir den Einstieg in neue Aufgaben und liefert Energie für das hohe Arbeitstempo und Produktivitätsniveau, das du von deiner Arbeitsgruppe erwartest. Deine Unzufriedenheit hält dich in Bewegung.

Anregungen

- Suche dir einen Praktikumsplatz, bei dem du deinen unerschöpflichen Vorrat an intrinsischer Motivation, Durchhaltevermögen und Entschlossenheit optimal einsetzen kannst.

- Wie häufig hältst du inne, um deine Erfolge zu feiern, bevor du dir Gedanken machst, was als Nächstes ansteht? Vergiss nicht, dir deine Errungenschaften vor Augen zu führen – sei es der Abschluss eines großen Projektes oder eine gute Note bei einer Prüfung. Kümmere dich erst danach um den nächsten Punkt auf deiner langen To-do-Liste.

- Dir gelingt es, unüberschaubare Projekte dadurch zu vereinfachen, indem du sie in kleinere Schritte einteilst, und genau das brauchen viele Organisationen und Clubs. An dem Schwarzen Brett findest du die Ausschreibungen von Teams oder Gruppen, die mithilfe deiner Fähigkeiten schwierige Aufgaben bewältigen können.

- Mach bei Gruppen und Aktivitäten mit, deren Mitglieder eine hohe Arbeitsmoral haben. Indem du mit anderen zusammenarbeitest, die denselben Drang wie du haben, etwas zustande zu bringen, stärkst du deine Leistungsorientierung. Ihr sporn euch gegenseitig an und sorgt so dafür, dass die Gruppe noch stärker wird.

- Nutze deine Energie so effizient wie möglich, aber lege auch regelmäßige Pausen ein, um dich mit Freunden zu treffen. Tue dich mit jemanden zusammen, dessen Stärke Disziplin oder Fokus ist. Diese Person kann dir helfen, deine Prioritäten richtig zu setzen.

- Pflege ganz bewusst Freundschaften mit Menschen, die genauso ehrgeizig wie du sind. Diese Beziehungen geben dir das Gefühl, lebendig zu sein. Du schätzt die Herausforderung durch sie, und das holt das Beste aus dir heraus.

▸ Wahrscheinlich machst du dir To-do-Listen für jeden Tag, jede Woche und jeden Monat. Doch Vorsicht! Stecke dir nicht zu viele Ziele in zu kurzer Zeit. Du brauchst schließlich auch noch Energie, um am Ende deiner Ausbildung oder deines Studiums die Kraft für die Abschlussprüfungen zu haben, also versuche, es ruhig angehen zu lassen!

▸ Wie viel Geld brauchst du, um dieses Semester dein Studium finanzieren zu können? Wie hoch werden deine BAföG-Schulden am Ende deines Studiums sein? Stelle eine Einnahmen-/Ausgabentabelle zusammen, um die Übersicht über deine Schulden und Ausgaben zu behalten. Checke zu Beginn jedes Semesters, ob du noch im grünen Bereich bist. Verfolge die Entwicklung deiner Finanzen – einen Schritt näher an deinen finanziellen Zielen zu sein, kommt deiner Leistungsorientierung entgegen.

▸ Vergiss nicht, Pausen einzulegen, vor allem, wenn du länger an einem Projekt arbeitest oder für eine Prüfung lernst. Steh vom Schreibtisch auf und bewege dich ein bisschen, um deine Batterien wieder aufzuladen. Weil du so motiviert bist, kann es manchmal sein, dass du beim Lernen die Zeit vergisst. Wenn das der Fall sein sollte, plane bewusst Pausen ein, damit du keinen Burn-out riskierst.

▸ Vielleicht brauchst du nicht so viel Schlaf wie andere, aber dennoch ist ausreichend Schlaf unentbehrlich, um gesund zu bleiben, das Gelernte zu behalten und die kognitiven Fähigkeiten zu unterstützen. Wahrscheinlich bist du sowohl im Unterricht als auch in deiner Freizeit schwer beschäftigt. Stelle sicher, dass du ausreichend Schlaf bekommst, damit du all das erreichst, was du auf deiner Liste hast – und vielleicht auch mehr.

- Such dir eine Freizeitaktivität oder ein Ehrenamt, das deinen Werten entspricht. Dabei geht es um ehrgeizige Ziele und Projekte mit messbaren Ergebnissen.

- Ehrenamtliche Arbeit, die dich ein wenig herausfordert, kommt deiner entschlossenen Art entgegen. Welche Organisationen könntest du mit deinem Ehrgeiz unterstützen und damit deinen langfristigen Karrierezielen ein Stück näherkommen?

- In Positionen, die eine Herausforderung sind und harte Arbeit belohnen, kommt deine Leistungsorientierung groß heraus. Wie kannst du dich in einer Führungsposition auf dem Campus oder in deiner Firma beweisen? Solch eine Arbeit bietet dir erste berufliche Erfahrungen und fördert auch deine persönliche Entwicklung. Und natürlich schadet sie deinem Lebenslauf auch nicht.

POSITIVE EINSTELLUNG

Du geizt nicht mit Lob, zauberst in jedem beliebigen Moment ein Lächeln aufs Gesicht und lebst dein Leben mit Humor. Deine Ausstrahlung ist geprägt von unbeschwerter Heiterkeit, um die dich so mancher beneidet. In jedem Fall schätzen andere deine Gesellschaft und lassen sich gerne von deiner Unbekümmertheit anstecken. Für viele weniger optimistisch eingestellte Zeitgenossen ist das Leben oft eine einzige monotone und zudem völlig ausweglose Quälerei. Du dagegen weißt immer, wie du andere mit deinem Frohsinn mitreißen kannst. Du bringst Spannung ins Leben, feierst jede noch so kleine Errungenschaft und lässt dir eine Menge einfallen, um den grauen Alltag bunt und lebendig zu gestalten. So mancher Zyniker hat für dein heiteres Wesen möglicherweise nur höhnischen Spott übrig, aber so schnell lässt du dich nicht unterkriegen, dafür bist du viel zu positiv eingestellt. Du wirst einfach den Eindruck nicht los, dass das Leben ein Heidenspaß ist, zu dem auch deine Arbeit beiträgt, und dass man, aller Rückschläge ungeachtet, auf keinen Fall den Sinn für Humor verlieren sollte.

Anregungen

- Achte bei deinen Seminaren darauf, ob die Lehrenden einen affirmativen Lehrstil haben. Deine Kurse müssen für dich aufregend und sinnvoll sein. Tue dich mit Leuten zusammen, die ebenfalls eine positive Einstellung haben, und besprich mit ihnen deine Kursauswahl.

- Mit deiner von Natur aus optimistischen Haltung gibst du auch deinen Freunden und Mitbewohnern Auftrieb. Du erkennst, wenn sie sich von Themen wie Uni, Geld, Job oder Beziehungen überfordert fühlen und sich Sorgen machen. Geh am Wochenende mit ihnen campen oder wandern, wenn sie eine Pause brauchen. Bewegung in der Natur reduziert Stress.

- Lerne zusammen mit deinen optimistischen Freunden. Denkt euch gemeinsam Wege aus, wie man sich wichtige Informationen mit Spaß merken kann.

- Suche dir deine Freunde danach aus, ob sie das Leben ebenso sehr lieben wie du. Positive Emotionen haben oberste Priorität, daher mache einen Bogen um Menschen, die negativ, destruktiv und kontraproduktiv sind.

- Aufgrund deines Optimismus gibst du dich manchmal mit Lösungen zufrieden, die nicht ganz ideal sind. Dann drängst du dich selbst und andere dazu, in einer Sache eher voranzukommen, als sie perfekt zu machen. Schließe dich mit jemandem zusammen, dessen Stärke Höchstleistung ist. Er zeigt dir, wie du aus mittelmäßigen Dingen das Meiste herausholst. Manchmal kannst du ruhig das »Risiko« eingehen, etwas zu verbessern, selbst wenn dir noch gar nicht klar ist, wie das Endergebnis aussehen wird.

- Vielleicht bist du der Sonnenschein im Leben einer anderen Person – insbesondere, wenn sie gerade eine schwierige Phase durchmacht. Diese Rolle darfst du nie unterschätzen. Die Leute wenden sich an dich, denn sie wissen, dass du es immer schaffst, sie wieder aufzubauen. Wenn das passiert, hilft dir die Frage weiter, was sie am meisten von dir brauchen.

- So sehr du auch positive Menschen um dich herum wertschätzt, sind dir aufrichtige Freundschaften noch wichtiger. Sei authentisch, stehe zu deinen Launen und schaue auch, welche Verletzlichkeiten deine Freunde zeigen. Erkenne Trauer und Angst bei dir selbst und anderen an und hilf deinen Freunden, ihre Gefühle in Worten auszudrücken.

- Achte darauf, dass dein Lob immer echt ist – unechte Komplimente bringen niemandem etwas. Sie können noch mehr als Kritik verstören. Wenn du von etwas begeistert bist, sprich es aus. Wenn du es nicht bist, verhalte dich respektvoll, aber hüte dich vor falschen Komplimenten. Dein authentisches Verhalten wird dir helfen, langwährende Freundschaften aufzubauen.

- Deine Energie und dein Optimismus sind ansteckend. Deine Freunde schätzen den Schwung, den du in jedes Treffen bringst. Suche für dich und deine Freunde nach Aktivitäten, die kostenlos sind oder einen Studierendenrabatt bieten, bei denen ihr euch entspannen oder austoben könnt.

- Wenn es einem gut geht, ist man leistungsfähiger. Manchmal sind die Gefühle die Folge einer Tätigkeit, manchmal ist es genau umgekehrt. Es gibt immer einen Grund zum Feiern, Lachen, Musik auflegen – bring Freude in das Leben deiner Freunde. In einer emotional positiven Umgebung kann jeder besser lernen, gerade in den stressigen Prüfungswochen.

- Wenn du selbst keinen Sport machst, feuere das Team deiner Uni als Zuschauer an. Welchen Sport machen deine Freunde? Welches Team hat nur wenige Fans und braucht deinen positiven Schwung?

▶ In Positionen, in denen du das Augenmerk auf positive Aspekte lenken kannst, blühst du auf. In einer Führungsrolle kannst du das Meiste aus deiner Fähigkeit herausholen, die positiven Dinge hervorzuheben. Welche Organisation oder Gruppe braucht eine optimistische Führungspersönlichkeit, die die anderen mit Spaß, Energie und Begeisterung für die gemeinsamen Ziele motivieren kann?

SELBSTBEWUSSTSEIN

Selbstbewusstsein und Selbstvertrauen sind eng miteinander verwandte Begriffe. Als selbstbewusster Mensch bist du von deinen Stärken und Fähigkeiten überzeugt. Du weißt, was du kannst. Du bist in der Lage, Risiken abzuwägen, Herausforderungen anzunehmen, Ansprüche geltend zu machen und selbstverständlich Leistung zu erbringen. Selbstbewusstsein ist jedoch mehr als bloßes Selbstvertrauen. Dank deines Selbstbewusstseins vertraust du nicht nur auf deine Fähigkeiten, sondern du bist ebenso von deinem Urteilsvermögen überzeugt. Niemand sieht die Welt mit deinen Augen, und folglich kann auch niemand Entscheidungen für dich treffen oder dir irgendwelche Vorschriften machen. Natürlich bist du zugänglich für Hilfe oder Vorschläge von außen. Letztendlich bist du jedoch davon überzeugt, dass du dein Leben selbst in die Hand nehmen musst, und dass nur du allein in der Lage bist, die richtigen Schlussfolgerungen zu ziehen, Entscheidungen zu treffen und entsprechend zu handeln. Die Tatsache, dass du für dein Leben selbst die Verantwortung trägst, kommt dir ganz selbstverständlich vor. Unabhängig von der konkreten Situation scheinst du immer zu wissen, was gerade zu tun ist. Das mag nicht für jedermann das Richtige sein. Du bist jedoch davon überzeugt, dass es in der konkreten Situation das Richtige für dich ist. In den Augen deiner Mitmenschen strahlst du eine enorme Sicherheit aus. Im Unterschied zu anderen bist du durch Gegenargumente, und seien diese auf den ersten Blick noch so überzeugend, nicht so schnell aus dem Gleichgewicht zu bringen. In Abhängigkeit von deinen übrigen Stärken tritt dein Selbstbewusstsein mehr oder weniger offen zutage. In jedem Fall erfüllt es die Funktion eines Rückgrates, das allerlei Druck standhält und dich deinen Weg aufrecht weiterverfolgen lässt.

Anregungen

- Das Leben hält für alle eine Portion Enttäuschung und Krisen bereit. Du kannst dich auf deine Fähigkeit, dich schnell von Rückschlägen zu erholen, verlassen. Unterstütze deine Freunde und deine Familie, die vielleicht nicht so selbstbewusst wie du sind, wenn sie eine schwierige Phase durchmachen.

- Suche nach einem Praktikum bei einer Firma oder Organisation, das dich *noch* selbstbewusster macht. Dein Talent Selbstbewusstsein kann sehr ansteckend sein, besonders, wenn es mit Autorität oder Tatkraft gepaart ist. Ein Arbeitgeber, der dafür sorgt, dass du selbstbewusst und fokussiert bist, wird diese Haltungen auch bei anderen auslösen.

- Welche drei hoch gesteckten Ziele möchtest du erreicht haben, bevor du das Studium oder die Ausbildung abschließt? Ziele, die anderen unmöglich und nicht umsetzbar erscheinen, sind in deinen Augen einfach nur kühn und aufregend. Du weißt, dass du sie mit Heldentaten erreichen kannst. Und das ist das Wichtigste.

- Bring in Erfahrung, was die Lehrenden von euch erwarten. Du weißt, das dein Lernstil funktioniert, aber wenn dir klar ist, wie die Erwartungen der Dozenten sind, kannst du dich besser auf die Ziele des Seminars einstellen. Damit hast du dein Lernpensum im Griff.

- Wenn du dir ein Ziel gesetzt hast, verfolgst du es meist bis zum Ende. Tue dich mit jemandem zusammen, dessen Talent in Strategie, Behutsamkeit oder Zukunftsorientierung liegt. Seine Perspektive hilft dir zu reflektieren, ob deine Ziele wirklich das Richtige für dich sind.

- Unterstütze deine Freunde dabei, sich ehrgeizige Ziele zu setzen, denn vielleicht denken sie nicht so groß wie du und möglicherweise brauchen sie nur einen kleinen Schubser. Dein Glauben an sie ist für sie eine wichtige Unterstützung. Deine Fähigkeit, mit Bestimmtheit Risiken einzugehen, und dein Zutrauen können ansteckend sein.

- Bitte jemandem, den du respektiert und auf dessen Meinung du Wert legst, darum, dir als Mentor zur Seite zu stehen. Jeder braucht einen erfahreneren Unterstützer, und gerade du brauchst so jemanden. Denn nicht jeder hat immerzu nur Recht, selbst wenn du das glaubst. Triffst du eine Entscheidung, hinterfragst du sie nicht immer. Ein guter Mentor wird dich darauf hinweisen, wenn du daneben liegst. Und wenn du ihn respektierst, dann wirst du seinem Urteil auch vertrauen.

- Wie gehst du mit Sorgen um? Während ein großes Selbstbewusstsein für dich selbstverständlich ist, bringt dich eine Erschütterung deines Sicherheitsgefühls stärker aus dem Gleichgewicht als andere – selbst wenn du diese Phase schneller überstehst als sie. Wenn dich etwas umgehauen hat, helfen dir Beratungsinstitutionen an der Uni oder Vertrauenspersonen im Betrieb, wieder auf die Beine zu kommen und in deinen alten Schwung zurückzufinden.

- Suche dir Freizeitaktivitäten, die deine Talente herausfordern und deinen Horizont erweitern. Wage dich an Unbekanntes heran. Mit deinem Selbstbewusstsein fällt es dir leicht, etwas Neues zu beginnen. Überzeuge Freunde von dir, sich mit dir auf die Reise zu begeben.

- Vielleicht ist ein Auslandssemester das Richtige für dich? Dein Selbstbewusstsein hilft dir dabei, dich in einer dir fremden Kultur zurechtzufinden.

- Aufgrund deines Selbstbewusstseins fühlst du dich in ganz verschiedenen Jobs oder Ehrenämtern wohl. Probiere verschiedene Positionen aus. Was fühlt sich für dich am natürlichsten an?

- Du lebst auf, wenn du es mit einem herausragenden oder schwierigen Projekt zu tun hast, während andere sich davon einschüchtern lassen. Recherchiere, was Wichtiges gerade bei gemeinnützigen Organisationen läuft. Finde heraus, wie du dich daran beteiligen kannst.

- Suche dir erfolgreiche Persönlichkeiten in Berufen, die deiner Leidenschaft entgegenkommen. Frage sie, was sie an ihrer Arbeit toll finden und was sie in der Ausbildung oder im Studium gemacht haben. Während du wahrscheinlich schon recht genau weißt, wohin dich deine Karriere führen soll, können dich andere erfolgreiche Menschen darin bestärken, dass du auf dem richtigen Weg bist.

STRATEGIE

Dank deiner strategischen Begabung bist du in der Lage, dich durch jedes erdenkliche Dickicht durchzuschlagen und spontan den direkten Weg zum Ziel zu finden. Diese Fähigkeit ist nicht erlernbar, es ist vielmehr eine bestimmte Art zu denken und die Welt zu betrachten. Du kannst aus deinem Blickwinkel dort Muster erkennen, wo für andere nur ein unübersichtliches Durcheinander herrscht. Mit diesen Mustern im Hintergrund spielst du die verschiedensten Szenarien durch und prüfst den hypothetischen Eintritt von verschiedenen Ereignissen und die jeweiligen Auswirkungen. Du nutzt diese Möglichkeit, um über den eigenen Tellerrand hinauszuschauen und eventuelle Hindernisse adäquat einzuschätzen. Sobald deutlich ist, welche Schritte wohin führen, beginnst du, sämtliche unbrauchbaren Wege auszuschließen. Du verwirfst diejenigen, die direkt ins Nirgendwo führen, sofort auf Widerstand stoßen oder nur Verwirrung stiften würden. Auf diese Weise fallen alle Möglichkeiten weg, bis zum Schluss nur noch der Weg übrigbleibt, der mit deiner Strategie übereinstimmt. Mit deiner Strategie im Gepäck marschierst du los und machst dir auch schon wieder Gedanken über die vielen sich neu ergebenden Möglichkeiten. Du bist immer bereit, die falschen auszuschließen und auf diese Weise die richtige herauszufinden.

Anregungen

- Um dein Talent für Strategie voll auszuschöpfen, ist es sinnvoll, sich Zeit zu nehmen, um deine Ziele und den Weg dorthin gründlich zu überdenken. Vergiss nicht, dass es wichtig ist, sich in Ruhe über seine Strategie Gedanken zu machen.

- Sprich mit anderen Studierenden oder Auszubildenden darüber, wie ihr am besten eure Kurse koordinieren könnt. Genau wie du müssen sie ihre Kurse sorgfältig auswählen und die unterschiedlichen Anforderungen unter einen Hut bringen. In solchen Gesprächen lebst du auf, und du kannst anderen sehr helfen, denen strategisches Denken nicht so leichtfällt wie dir.

- Stell dir auf der Suche nach einem Praktikumsplatz vor, wie es in dem jeweiligen Unternehmen wäre, und entscheide dann, ob es das Richtige für dich ist. Liste die unterschiedlichen Alternativen auf, um jede einzelne gründlich zu durchdenken.

- Stell dir vor deinem inneren Auge vor, dass du bereits den Beruf hast, den du interessant findest. Was genau machst du da? Wie bist du an diesen Job gekommen? Gehe von deinem Ziel aus und gehe dann Schritt für Schritt zurück. Dabei kannst du dein Vorgehen planen und gegebenenfalls noch verfeinern. Dieses Vorgehen inspiriert dich und vermittelt dir Klarheit.

- Frage deine Freunde, welche Ziele sie kürzlich erreicht haben. Wie haben sie das geschafft? Warum gerade auf diese Weise? Besprich mit ihnen die zahlreichen Optionen, die sie hatten und was daraus geworden ist.

- Von Natur aus ist »Was wäre wenn …« für dich eine wichtige Frage. Mit dieser Denkungsart kannst du deinen Freunden und Mitbewohnern helfen, Entscheidungen zu treffen. Dir fällt es leichter als anderen Menschen, Alternativen zu erkennen. Wenn deine Freunde auf der Stelle treten, biete ihnen deine Hilfe an, und besprich mit ihnen die zur Verfügung stehenden verschiedenen Optionen.

- Muster und Hindernisse fallen dir sofort auf. Aber es ist manchmal schwierig für dich, in deinen Kursen zu erklären, was du dann erkennst. Was für dich derart offensichtlich ist, bleibt anderen vielleicht verborgen. Tue dich mit jemanden zusammen, dessen Talente in Kommunikationsfähigkeit oder Einzelwahrnehmung bestehen. Er hilft dir dabei, deine Gedanken auszudrücken. Wenn du die einzelnen Schritte, die du erkennst, artikulieren kannst, werden deine Kommilitonen auch verstehen, worum es dir geht.

- Versuche einen Mentor zu finden, der sich durch Leistungsorientierung oder Tatkraft auszeichnet. Während du gut vorausplanen kannst, stellt er sicher, dass du aktiv wirst und dein Ziel auch erreichst.

- Tue dich mit Menschen zusammen, die über eine große Vorstellungskraft verfügen, um mit ihnen Alternativen zu deinen Plänen zu entwickeln. Dieses Brainstorming hilft dir dabei, deine Gabe, eine Entwicklung vorauszusehen, noch zu verbessern, und beflügelt dein strategisches Denken.

- Wahrscheinlich hast du dir schon verschiedene Wege überlegt, wie du deinen Hochschulabschluss erreichen willst. Um deine BAföG-Schulden niedrig zu halten, solltest du dich vielleicht erkundigen, ob es Seminarscheine für deine Nebenfächer gibt, die du dir anrechnen lassen kannst.

- Über welche realen Probleme könntest du mit anderen sprechen, um eine Lösungsstrategie zu entwickeln? Setze dein Talent für einen guten Zweck ein.

▶ Jede Organisation, bei der du mitarbeitest, profitiert von deiner Fähigkeit, neue Themen anzusprechen und zahlreiche Alternativen zu ersinnen. Bevor du dich daran machst, zu Bewerbungsgesprächen zu gehen, sprich erst mit deinen Dozentinnen und Freundinnen darüber, wie du dein Talent am besten anbringen kannst.

▶ Gibt es einen bestimmten Sport oder eine Freizeitaktivität, die du gern mal ausprobieren würdest? Vielleicht sind Sportarten, die ein gewisses Maß an Strategie benötigen, genau das Richtige für dich. Dein Talent, Probleme anzugehen und die beste Lösung zu finden, können auch in einem Wettbewerbssport gefragt sein.

TATKRAFT

»Wann können wir loslegen?« Diese Frage zieht sich wie ein roter Faden durch dein Leben. Natürlich wirst du kaum bestreiten, dass auch analytische Schritte ihr Gutes haben und Diskussionen bisweilen nützliche Ergebnisse zutage fördern. Im Grunde bist du jedoch jederzeit bereit zuzupacken. Nur durch Handeln wird Leistung erreicht. Sobald eine Entscheidung getroffen wurde, machst du dich sogleich energisch ans Werk. Dabei lässt du dich nicht aufhalten, auch wenn andere der Meinung sind, dass zunächst einmal noch bestimmte Fragen geklärt werden sollten. Du orientierst dich gerne an konkreten Möglichkeiten und hast bereits die halbe Wegstrecke hinter dich gebracht, während die anderen noch in der Startposition verharren und darauf warten, dass alle Ampeln gleichzeitig grün werden. Denken und Handeln stellen für dich keine Gegensätze dar, ganz im Gegenteil. Ihre Tatkraft schafft deiner Meinung nach die besten Voraussetzungen für einen stetigen Lernprozess: Du triffst eine Entscheidung, setzt diese in die Realität um, betrachtest das Ergebnis und ziehst daraus deine Schlussfolgerungen. Und schon hast du wieder etwas dazugelernt, denn diese Informationen bilden die Grundlage für deine künftige Vorgehensweise. Entwicklung kann deiner Meinung nach nicht durch angestrengtes Nachdenken, sondern nur durch entschiedenen Einsatz erreicht werden. Deswegen krempelst du schnell die Ärmel hoch und machst dich auch schon an die Arbeit. Deine Tatkraft ist in deinen Augen eine unerschöpfliche Quelle, dank derer du dir deine geistige Beweglichkeit erhältst. Du bist davon überzeugt, dass du nicht aufgrund von wohlklingenden Theorien, sondern aufgrund der von dir erzielten Ergebnisse beurteilt wirst. Und diese Vorstellung ängstigt dich nicht, sondern lässt dich erst so richtig zur Hochform auflaufen.

Anregungen

▸ Dein Erfolg hängt davon ab, ob du ganz bei der Sache bist. Suche dir Seminare oder Kurse aus, die auf praktischen Übungen, lebendigen Diskussionen und interessanten Experimenten basieren. Lass dich bezüglich deiner Kursauswahl beraten.

▸ Du hast die Fähigkeit, die Aufmerksamkeit anderer zu bekommen und ihnen Impulse zu geben. Setze dein Talent Tatkraft strategisch ein. Bestimme den besten Zeitpunkt, den besten Ort und die besten Leute, um deinen wertvollen Einfluss geltend zu machen.

▸ Vielleicht hast du Spaß daran, ein Tutorium für dein Lieblingsseminar zu leiten? Bringe die Teilnehmenden dazu, ihre besten Ideen beizutragen. Ermuntere die Stilleren oder Schüchternen dazu, sich am Thema zu beteiligen, Fragen zu stellen und an Projekten mitzuarbeiten.

▸ Menschen mit großer Tatkraft lieben es, ins kalte Wasser zu springen und sofort anzufangen. Daher ist die beste Herangehensweise an die Karriere für dich, erst einmal verschiedene Jobpositionen auszuprobieren. Das kannst du in Nebenjobs, Praktika, Praxissemestern oder ehrenamtlich machen. Diese Möglichkeiten geben dir Gelegenheit, dich auszuprobieren und herauszufinden, was dich wirklich interessiert.

▸ Welche Aktivität kannst du in diesem Semester initiieren, die dich deinem Karriereziel näherbringt? Das kann ein Kurs, ein Nebenjob oder die Aufgabe als Mentorin sein – finde etwas, dass dich voranbringt.

▸ Ermuntere deine Freunde und Studien- oder Arbeitskollegen dazu, ihre Ideen praktisch umzusetzen. Ob es ihnen darum geht, einen schwierigen Kurs zu belegen, sich eine neue Wohnung zu suchen oder eine Beziehung einzugehen – oder vielleicht haben sie auch eine tolle neue Idee: Hilf ihnen dabei, eine Entscheidung zu treffen und loszulegen. Dein Drang, Dinge in die Hand zu nehmen, inspiriert auch andere, einen Schritt nach vorn zu machen, insbesondere wenn sie sich unsicher sind.

- Tue dich mit jemandem zusammen, dessen Talente in Fokus, Zukunftsorientierung, Strategie oder Analytisch liegen. Sich ergänzende Partner sind auf alle Fälle hilfreich, doch Menschen mit großer Tatkraft handeln nicht immer umsichtig. Indem du dich mit Menschen zusammensetzt, die dir helfen, deine Aktivitäten zu planen und ihnen eine Richtung zu geben, ist es leichter, einen Konsens zu sehen, Probleme zu lösen und das gewünschte Ergebnis zu erreichen.

- Sprich mit den Lehrenden über ihre Erwartungen, über die Anforderungen des Kurses und Abgabetermine. Diese Art zu planen fühlt sich für dich vielleicht wie ein Bremsklotz an, aber wenn du von vornherein weißt, was auf dich zukommt, kannst du dir später viel Ärger ersparen.

- Vielleicht ist es das Richtige für dich, ein Unternehmen zu gründen. Erstelle eine Liste möglicher Bereiche, in denen du als Entrepreneur einsteigen kannst. Sobald ein Geschäft gut läuft und Gewinne abwirft, kannst du es wieder verkaufen, denn vermutlich fängst du genau dann an, dich zu langweilen. Das ist in Ordnung. Vielen Menschen gelingt es, eine Firma zu führen, aber Menschen mit Tatkraft haben die besondere Begabung, sie erst einmal zum Laufen zu bringen.

- Es ist wichtig, dass du genug Schlaf bekommst, damit dein Gehirn für den nächsten Tag richtig ausgeruht ist. Ist das nicht der Fall, stürzt du dich vielleicht zu heftig in eine neue Tätigkeit, ohne die Einwände von anderen zu berücksichtigen oder erst einmal nachzudenken.

- Engagiere dich bei Aktivitäten, die nicht nur aus Meetings bestehen. Schnellstarter wie du brauchen sichtbare Ergebnisse. Vielleicht benötigt ein Hilfsprojekt deine praktische Unterstützung, oder du übernimmst eine Patenschaft für jemanden, der bedürftig ist. Aber auch eine Rolle im Laientheater, Führungen durch die Natur, Fundraising oder eine Jugendmannschaft zu trainieren sind sinnvolle Aktivitäten.

- Übernimm es, ein stagnierendes Projekt in deinem Verein oder Team wieder zum Laufen zu bringen. Wie sah der ursprüngliche Plan aus und was hinderte die Gruppe daran, ihn umzusetzen? Überzeuge deine Mitstreiter davon, dass es sich lohnt, das Projekt noch einmal anzuschieben. Du könntest sogar Freunde von dir mit ins Boot holen, die mitanpacken, um zum Ziel zu kommen.

- Stelle dich für einen Posten in der Studierenden- oder Auszubildendenvertretung zur Wahl. Wahrscheinlich fallen dir viele Dinge ein, die man verbessern könnte. Du hast die Energie, den Ball ins Rollen zu bringen. Hole dir Freunde dazu, die dich dabei unterstützen.

- Mach bei einem Sportteam mit, das viele Partys und Events veranstaltet. Vermeide darüber hinaus Gruppen, die den Ruf haben, viel herumzureden, aber nichts auf die Beine zu stellen.

ÜBERZEUGUNG

Menschen, die sich an ihrer inneren Überzeugung orientieren, verfügen in der Regel über eine stabile Werteskala, die zwar von Mensch zu Mensch unterschiedlich ausgeprägt sein kann, in der jedoch Werte wie Familienorientierung, eine gewisse Uneigennützigkeit sowie intellektuelle Interessen ihren festen Platz haben. Du legst Wert auf Verantwortungsbewusstsein und Moral, und zwar sowohl im Hinblick auf deine eigene Person als auch auf andere. Diese Grundwerte bilden die Basis für dein Handeln und verleihen deinem Leben Sinn und Zweck, denn in deinen Augen ist Erfolg mehr als einfach nur Geld und Prestige. Diese Grundwerte dienen dir auch als Wegweiser, die dir angesichts von Versuchungen und Zerstreuungen ermöglichen, deine Prioritäten nicht aus dem Blick zu verlieren. Deine Beziehungen zu anderen Menschen sind von Dauerhaftigkeit geprägt. Deine Freunde vertrauen dir vorbehaltlos, weil sie wissen, wo du stehst. Selbstverständlich strebst du eine Tätigkeit an, die mit deiner inneren Überzeugung in Einklang steht. Du verlangst von deiner Arbeit, dass sie sinnvoll ist. Und sinnvoll sind für dich nur Tätigkeiten, die mit deinem Wertesystem im Einklang stehen.

Anregungen

▶ Formuliere ein schriftliches Leitbild für deine akademische oder berufliche Ausbildung, das auf deinen Werten basiert. Das kann der Wunsch sein, die Welt zu verbessern, eine Heilmethode für Krebs zu entwickeln, einen Krieg oder Gewalt zu beenden oder die Menschenrechte zu stärken.

▶ Gründe eine Lerngruppe mit anderen Leuten, die deine Werte teilen. Besprich mit ihnen, wie sich ihre Grundsätze positiv auf ihre Erfolge an der Uni oder in der Ausbildung auswirken.

▶ Wie lassen sich deine grundlegenden Werte mit den Inhalten deiner Seminare verknüpfen? Versuche, zu Themen, die direkt mit deinen Überzeugungen verknüpft sind, zu recherchieren, über sie zu schreiben oder ein Referat zu halten.

▶ Suche dir Kurse aus, bei denen du weißt, dass der oder die Lehrende Überzeugungen deutlich vertritt, selbst wenn die betreffenden Werte nicht mit deinen übereinstimmen. Indem du mehr über die Überzeugungen anderer erfährst, kannst du deine eigenen klarer definieren. Nimm dir die Zeit, anderen zuzuhören, die eine andere Weltsicht als du haben.

▶ Was ist deine »Berufung«? Bringe, nachdem du dein Leitbild formuliert hast, mehr über Berufe in Erfahrung, in denen du deine Ziele verfolgen kannst. Oder schaue nach Organisationen oder Vereinen, die mit deinen Zielen und Vorsätzen übereinstimmen.

▶ Bitte deine Freunde und Mitbewohner, dir zu sagen, wann sie von deiner Leidenschaft überfordert sind oder wann inspiriert. Manchmal kannst du deinen Überzeugungen auch durch Taten statt durch Worte Ausdruck verleihen. Bleib mit deinen Freunden im Gespräch, um sicherzugehen, dass sie dich verstehen und dass *du sie verstehst*. Leute, die du gerade erst kennengelernt hast, können nicht unbedingt nachvollziehen, warum du manchmal so eindringlich bist.

- Stelle sicher, dass du für dein Arbeitspensum auch ein Gegengewicht in deinem Privatleben schaffst. Deine Begeisterung für dein Fach darf nicht auf Kosten deiner Familie und deines Freundeskreises gehen – und umgekehrt.

- Habe keine Angst, deine Überzeugungen in deinen Kursen oder unter Fremden zu äußern. Wenn du deine Sichtweise auf das Leben darlegst, lernen die anderen dich besser kennen und können sich überlegen, wie sie zu dir stehen. Neue Freunde und Arbeits- oder Studienkollegen erfahren außerdem, dass sie sich auf dich verlassen können.

- Nimm an einem Mentoring-Programm teil, als Mentor oder als Mentee. Dadurch lernst du mehr über dich und deine Ziele im Leben. Diese Einsichten helfen dir dabei, im Laufe deines Lebens bei deinen Handlungen, Entscheidungen und Überzeugungen zu bleiben.

- Arbeite mit anderen zusammen, die eine starke Zukunftsorientierung haben. Mit solchen Partnern gelingt es dir, ein lebendiges Bild deines zukünftigen Lebens zu malen – und deine Werte leiten dich dabei.

- Beschäftige dich mit einer These wie »Geld ist die wahre Quelle des Glücks«. Sammle Argumente für und gegen diese Aussage, und überlege dir deine Haltung dazu eingehend. Frage dich dabei: Wie habe ich für meine Überzeugungen argumentiert? Was hat meine Argumentation geschwächt, als ich die Gegenseite vertreten musste? Gehe dem nach, wie es sich anfühlt, eine andere Perspektive einzunehmen.

- Denke darüber nach, für einen Posten im Studierendenparlament oder in der Auszubildendenvertretung zu kandidieren. Überlege dir die Werte, auf denen deine Kandidatur basiert. Was ist dir wirklich wichtig? Jemand mit einem starken analytischen Talent oder großer Kommunikationsfähigkeit kann dir helfen, deine Argumente und Reden so zu formulieren, dass du damit potenzielle Wähler über deine Überzeugungen informierst.

- Organisationen, die mit deinem Leitbild und deinen Vorstellungen übereinstimmen, bringen das Beste in dir hervor. Nutze die Gelegenheiten, einen Praktikumsplatz oder ein Ehrenamt bei Firmen oder Organisationen zu übernehmen, die ein starkes Leitbild haben.

- Berücksichtige dabei insbesondere Organisationen, die einen gemeinnützigen Zweck verfolgen.

VERANTWORTUNGSGEFÜHL

Du hältst dein Wort, und wo du Verpflichtungen eingegangen bist, fühlst du dich auch verantwortlich. Du lebst in der Gewissheit, dass hiervon dein guter Ruf abhängt. Bist du einmal nicht in der Lage, deinen Verpflichtungen nachzukommen, sorgst du möglichst schnell für einen Ausgleich. Von Ausflüchten, Entschuldigungen und faulen Ausreden hältst du gar nichts. Du findest erst dann wieder Ruhe, wenn du dein Versäumnis wettgemacht hast. Dein Verantwortungsgefühl, deine schiere Besessenheit, alles richtig zu machen, sowie deine strengen ethischen Maßstäbe begründen die Wertschätzung, die deine Mitmenschen dir entgegenbringen. Auf dich kann man sich hundertprozentig verlassen. Sind neue Aufträge zu verteilen, wirst du immer zuerst bedacht, weil dann sichergestellt ist, dass die Aufgabe auch erledigt wird. Natürlich wirst du auch oft um Hilfe gebeten. Hier solltest du jedoch Vorsicht walten lassen, weil deine Hilfsbereitschaft sonst schnell dazu führen könnte, dass du dir mehr Verpflichtungen auflädst, als du bewältigen kannst.

Anregungen

- Was heißt es für dich, eine verantwortungsvolle Studentin oder ein verantwortungsvoller Auszubildender zu sein? Liste die Gelegenheiten auf, in denen sich deine Anstrengungen und dein Engagement in den Kursen ausgezahlt hat. Nutze deine bisherigen Errungenschaften und Erfolge dazu, für dich einen Standard festzulegen. Dann arbeitest du Schritt für Schritt auf dein Ziel hin. Dein Verantwortungsgefühl sorgt dafür, dass du dir das erfüllst, was du dir selbst versprochen hast.

- Sprich mit jemandem von der Berufs- oder Studienberatung, um deine Karriere zu planen. Dadurch bekommst du das Gefühl, die Kontrolle zu haben. Das gibt dir Energie, deinen Plan zu verfolgen und dich für dein Ziel zu engagieren.

- In Umgebungen, in denen Ergebnisse wichtig sind, blühst du auf. Mach unterschiedliche Praktika oder engagiere dich in unterschiedlichen Projekten, bei denen das Ergebnis wichtiger als der Prozess ist.

- Frage deine Freunde und Familie, was es für sie heißt, »das Richtige zu tun«. Dich werden die Antworten vielleicht überraschen, denn aus ihnen werden Talente von ihnen deutlich. Es werden auch unausgesprochene Annahmen über deine Person und Erwartungen an dich laut. Das ist für dich von unschätzbarem Wert, denn du möchtest niemanden enttäuschen.

- Tue dich mit Menschen zusammen, die eine starke Bindungsfähigkeit besitzen. Sie werden dich darauf aufmerksam machen, wenn deine Verpflichtungen dazu führen, dass du diejenigen, die dir am meisten am Herzen liegen, vernachlässigst.

- Andere bewundern dich dafür, dass du zu deinem Wort stehst. Menschen verlassen sich auf dich, weil sie wissen, dass du – einmal angefangen – ein Projekt zu Ende bringst, und zwar richtig. Melde dich, wenn es darum geht, in deiner Lerngruppe, Studierendenvereinigung oder im Verein bei einer Aktivität die Qualität sicherzustellen, sie zu Ende zu führen und dabei im Zeitrahmen und im Budget zu bleiben.

- Menschen mit starker positiver Einstellung passen gut zu dir, denn sie bringen etwas Leichtigkeit in dein Leben, wenn du das Gefühl hast, unter der Last deiner Aufgaben unterzugehen.

- Schließe dich mit Personen zusammen, die ebenfalls von einem starken Verantwortungsgefühl geprägt sind. Du blühst in Freundschaften mit Menschen auf, die davon überzeugt sind, eine Sache zu Ende zu bringen.

- Suche dir jemanden, mit dem du zum Sport gehen kannst. Sind seine Talente Disziplin und Fokus, hilft er dir dabei, regelmäßig Sport zu machen, und schützt dich davor, dich mit anderen Dingen zu überlasten.

- Hast du mal darüber nachgedacht, dich für einen Posten in der Studierendenvertretung aufstellen zu lassen? Wenn du die Zustände zum Besseren verändern *kannst*, hast du dann auch das Gefühl, es tun zu müssen? Das Studierendenparlament ist ein guter Weg, die Uni insgesamt zu verändern. Es bedeutet aber auch eine Menge Arbeit. Wenn du kandidierst, achte darauf, dass du wirklich genügend Zeit hast, dich richtig einzubringen, ohne deine anderen Verpflichtungen oder dein Privatleben zu vernachlässigen.

- Mit Leuten, deren Stärke nicht im Verantwortungsgefühl liegt, hast du manchmal Schwierigkeiten. Du hast dann das Gefühl, dass sie ihre Aufgaben an der Uni oder im Job nicht richtig ernst nehmen. Aber vergiss nicht, dass jeder über Stärken verfügt, die in einer Gruppe gebraucht werden. Menschen, deren Talent in

Harmoniestreben liegt, lassen vielleicht mal ein Seminar oder die Arbeitsgruppe ausfallen, aber wenn sie da sind, dann schafft die Gruppe mehr ohne allzu viele Konflikte.

- ▸ Vergiss nicht, dass du anderen helfen kannst, ohne die Vorhaben, auf die du dich festgelegt hast, zu vernachlässigen. Deine Selbstverpflichtungen sind nicht weniger wichtig als die Bitte deiner Freunde, ihnen zu helfen. Du darfst dir ruhig manchmal erlauben, Nein zu sagen.

- ▸ Überschlage die Zeit, die du realistischerweise für Freizeitaktivitäten und Freunde treffen übrighast, und setze Prioritäten. Wenn du bei jeder neuen Chance gleich Ja sagst, musst du vielleicht an anderer Stelle absagen.

- ▸ Ein vertrauensvolles Verhältnis zu anderen ist dir wichtig. Achte daher auf Umgebungen, in denen du auf zuverlässige, vertrauenswürdige Menschen triffst. Wähle ein Team danach aus, ob die anderen Mitglieder zu ihrem Wort stehen und zum Erfolg der Gruppe beitragen.

VERBUNDENHEIT

Du bist davon überzeugt, dass es für alles, was geschieht, einen Grund gibt. Du glaubst daran, dass alle Menschen miteinander verbunden sind. Einerseits besteht die Menschheit zwar aus einzelnen Individuen, die über einen freien Willen verfügen und für ihre Entscheidungen die Verantwortung tragen. Darüber hinaus sind jedoch alle Menschen ein Teil von etwas Größerem, für das die verschiedensten Bezeichnungen existieren. Für die einen ist es das kollektive Unbewusste, für andere der Weltgeist oder der Ursprung allen Lebens. Du beziehst ein Gefühl der Geborgenheit aus dem Umstand, dass wir Menschen, die Welt und alles, was geschieht, miteinander in Beziehung stehen. Allerdings ergeben sich hieraus auch bestimmte Verpflichtungen, denn wenn wir alle Teile eines größeren Ganzen sind, müssen wir auch pfleglich mit unserer Umgebung umgehen, weil wir sonst letztendlich uns selber Schaden zufügen. Beuten wir andere aus, führt das dazu, dass wir uns selbst zerstören. Quälen wir andere, werden wir selber leiden. Auf dieser Überzeugung baut dein gesamtes Wertesystem auf. Deshalb verhältst du dich anderen gegenüber rücksichtsvoll, fürsorglich und bist um Verständnis bemüht. Weil du von der Zusammengehörigkeit der gesamten Menschheit überzeugt bist, übernimmst du gerne die Rolle des Vermittlers zwischen verschiedenen Kulturen. Du bist spirituellen Werten gegenüber aufgeschlossen und kannst anderen vermitteln, dass sich hinter jedem manchmal noch so banalen Leben ein tieferer Sinn verbirgt. Die konkrete Ausformung deines tief verwurzelten Glaubens hängt von deinem kulturellen Hintergrund ab. Du selbst und dir nahestehende Personen werden von deinem Glauben getragen.

Anregungen

- Gibt es Gemeinsamkeiten zwischen deinem Studium oder deiner Ausbildung und deinem Beitrag für die Menschheit? Was kannst du jetzt für dein Leben lernen? Was ist genauso wichtig oder sogar noch wichtiger, als eine Prüfung zu bestehen oder eine gute Note zu bekommen?

- Was ist dein übergeordneter Zweck im Leben? Stelle diese Frage auch deinen Freunden und frag sie, was nach ihrer Meinung der Sinn des Lebens ist. Diese inspirierenden Gespräche helfen auch anderen zu erkennen, wo die Zusammenhänge in ihrem Leben sind, und außerdem siehst du deinen Lebenszweck aus einer neuen Perspektive.

- Ein Sommerjob oder ein Ehrenamt bei einer Hilfsorganisation können dir erste Einblicke geben, ob das möglicherweise auch als Beruf für dich infrage kommt. Welche humanitäre Hilfe passt am besten zu deinen Talenten?

- Sprich mit jemanden von der Studien- oder Berufsberatung darüber, wie deine Kurse und dein Abschluss mit deinen Werten und mit deiner Lebensaufgabe zusammenpassen. Diese Person kann dir helfen, Zusammenhänge, die du meist gleich auf den ersten Blick erkennst, zu artikulieren.

- Erkläre deinen Freunden und Mitbewohnern, warum du mitten im Chaos so ruhig bleiben kannst. Wie reagieren sie auf Unsicherheit, sei es in Kursen, in Beziehungen oder im Kontakt mit Lehrenden? Manchmal ist das Leben nicht nur schwarz oder weiß. Hilf dann denjenigen, die unsicher sind, mit deiner Zuversicht, dass alles schon seinen rechten Weg gehen wird.

- Verschwende nicht allzu viel Zeit mit dem Versuch, andere von deiner ganzheitlichen Weltsicht zu überzeugen. Du verstehst die

Welt als ein Netzwerk von miteinander verbundenen Punkten. Diese Verbundenheit erfasst du ganz intuitiv. Wenn andere dir darin nicht zustimmen, wirst es dir auch nicht gelingen, sie vom Gegenteil zu überzeugen.

- Manchmal überrascht es dich, dass andere Menschen diese Verbindungen nicht erkennen. Versuch diese gegenseitige Abhängigkeit deinen Freunden und Studien- bzw. Arbeitskollegen zu erklären. Fordere sie mit deiner Denkungsart heraus und erweitere damit ihren Horizont. Frage sie danach, wie sie ihre Talente noch verbessern könnten, indem sie sie auf einem neuen Gebiet einsetzen, oder wie sie mit jemandem zusammenarbeiten würden, den sie als ganz anders als sich selbst wahrnehmen.

- Tue dich mit jemandem zusammen, dessen Talent in Kommunikationsfähigkeit besteht. Diese Person hilft dir, die Zusammenhänge der Welt in die richtigen Worte zu fassen und mit Beispielen zu illustrieren. Sie kann das beschreiben, was du vielleicht fühlst.

- Hilf deinen Freundinnen, die Zusammenhänge zwischen ihren Talenten, Handlungen, ihrem Lebenszweck und dem Erfolg der größeren Gruppe zu erkennen. Wenn man an das glaubt, was man tut, und das Gefühl hat, Teil eines größeren Ganzen zu sein, fühlt man sich dem gemeinsamen Zweck stärker verpflichtet.

- Zwar erkennst du die Grenzen und Limitierungen, denen eine Organisationsstruktur unterworfen ist, doch ist sie aus deiner Perspektive flexibel und dehnbar. Mit deinem Talent zum Thema Verbundenheit kannst du einen Beitrag dazu leisten, dass in Vereinigungen, Clubs, Gruppen und Organisationen die Mauern fallen, die verhindern, das Wissen allen zugänglich ist. Ermuntere verschiedene Gruppen dazu, zusammen das gemeinsame Ziel in Angriff zu nehmen.

- Vielleicht bist du genau die richtige Person, die ein Leitbild für eine Organisation oder einen Verein entwickeln kann? Von Natur aus hast du das Gefühl, Teil eines größeren Ganzen zu sein, und möglicherweise ist es eine gute Erfahrung, an einem allgemeinen Statement der Ziele oder Philosophie mitzuarbeiten.

- Gemeinsame Werte sind eine solide Grundlage für eine Beziehung. Basiert dein Verhältnis zu einem anderen Menschen oder einer Gruppe auf diesen Werten, bringst du mit deiner typischen Zuversicht und deinem Vertrauen Sicherheit in eine vielleicht unsichere und bedrohliche Situation. Unterstütze die anderen, wenn du merkst, dass sie deine Hilfe gut brauchen könnten.

- Bei ehrenamtlicher Arbeit in einem Verein oder einer Organisation hast du die Möglichkeit, deinem Bedürfnis, anderen Menschen zu helfen, nachzugehen. Sei es eine Organisation, die einen religiösen, politischen oder sozialen Zweck oder den Umweltschutz verfolgt – in der Zusammenarbeit mit einer Gruppe, die deine Werte teilt, bekommst du das Gefühl, dass du etwas Sinnvolles tust, und das ist dir sehr wichtig.

VORSTELLUNGSKRAFT

Du lässt dich von Vorstellungen und Ideen faszinieren. Eine Idee ist ein Konzept, die beste Erklärung für Ereignisse. Du freust dich jedes Mal, wenn du unter einer relativ komplexen Oberfläche auf ein simples, aber wirkungsvolles Erklärungsmuster stößt. Durch Vorstellungen lassen sich Dinge miteinander verknüpfen, und du bist ständig auf der Suche nach Verknüpfungen. Du bist jedes Mal aufs Neue verblüfft, wenn Dinge, die allem Anschein nach nichts miteinander zu tun haben, auf einmal in einem engen Zusammenhang miteinander stehen. Insofern eröffnest du mit deiner Vorstellungskraft einen ganz neuen Blickwinkel auf scheinbar Vertrautes. Es bereitet dir regelrecht Vergnügen, wenn du bekannte Zusammenhänge aus einer ungewöhnlichen Perspektive beleuchten kannst und auf diese Weise dafür sorgst, dass alle Beteiligten völlig neue Einsichten bekommen. Du findest diese verschiedenen Betrachtungsweisen deshalb beeindruckend, weil sie dir neuartige Erkenntnisse gewähren und Klarheit schaffen. Oft fördern sie auch Widersprüche und manches Sonderbare zutage. Für dich ist das ein amüsanter Vorgang, aus dem du neue Energie ziehst. Deine Umgebung findet dich vielleicht kreativ, originell, gewitzt oder auch clever. Vielleicht bist du das alles ja auch, wer weiß? Du bist jedenfalls davon überzeugt, dass die menschliche Vorstellungskraft eine tolle Sache ist. Und in den meisten Fällen ist das bereits mehr als genug.

Anregungen

- Was inspiriert dich und aktiviert deine Vorstellungskraft? Woher bekommst du die besten Ideen? Hast du deine Gedankenblitze im Gespräch mit anderen? Beim Lesen oder Lernen? Wenn du einfach zuhörst oder beobachtest? Finde heraus, in welchen Situationen du am kreativsten bist, und versuche, diese Umstände so häufig es geht herzustellen.

- Falls dir schnell langweilig wird, kannst du deine Vorstellungskraft dazu nutzen, darüber nachzudenken, wie du deinen Horizont sowie dein soziales Netzwerk erweitern, deine Berufschancen und dein gemeinnütziges Engagement vergrößern kannst.

- Suche dir jemanden, vielleicht eine Lehrkraft, mit der du ein Forschungsprojekt entwickeln kannst, bei dem du viele Ideen ersinnen und verfolgen musst. Du findest es toll, mit neuen Ideen aufzuwarten, und ein innovatives Projekt bringt dich richtig in Schwung. Aber achte darauf, dass dich die Arbeit nicht verschlingt, dass du nicht Stunden damit verbringst. Deine Augen und dein Hirn brauchen Pausen. Dreh eine Runde um den Block, geh mal schnell, mal langsam, das wird dich ablenken, und du kehrst erfrischt an deinen Arbeitsplatz zurück.

- Besprich mit einem Berufsberater all die Möglichkeiten, zu denen deine Talente passen. Recherchiere verschiedene Berufe online und versuche dir vorzustellen, in dem betreffenden Beruf zu arbeiten.

- Suche dir Partner an der Uni oder im Job. Jemand, der über ein großes analytisches Talent verfügt, wird deine großen Ideen hinterfragen und dir dabei helfen, sie intensiver zu durchdenken. Personen mit den Talenten Intellekt, Höchstleistung oder Leistungsorientierung bringen dich dazu, an all deinen Ideen zu feilen und schließlich die besten umzusetzen. Du kannst sie inspirieren, und sie können dir dabei helfen, deine Träume zu verwirklichen.

▶ Schließe dich mit anderen zusammen, die einen anderen Hintergrund und andere Perspektiven als du haben. Tausch dich mit ihnen über ihre Ideen aus. Ihre Sichtweisen können dich faszinieren und inspirieren. Gegenseitig ermuntert ihr euch, große Ideen zu schmieden, das verbindet euch. Wenn euer Verhältnis von gegenseitiger Unterstützung geprägt ist, macht dir das die größte Freude.

▶ Welche neuen Konzepte interessieren dich gerade brennend? Teile deinen Mitbewohnern, Freundinnen, Studien- und Arbeitskolleginnen oder deiner Familie deine Ideen mit. Lässt du sie an deiner Vorstellungskraft teilhaben, können sie dich besser verstehen, und du zeigst ihnen genau das, was dich antreibt, was du liebst und wertschätzt.

▶ Wie kannst du deine Kreativität produktiv in der Uni, am Arbeitsplatz oder in der Wohnung einbringen? Entwickle erst die Idee, und suche dir dann Unterstützung, damit die anderen dir helfen können, deine Vision umzusetzen. Lade Leute zu einer Brainstorming-Party ein. Gemeinsam an einer Sache zu arbeiten, schweißt zusammen und verbessert die Umwelt.

▶ Suche dir deine Kurse danach aus, ob du dort auch kreativ sein kannst und nicht nur Referate schreiben und Prüfungen ablegen musst. Du hast Spaß daran, Ideen zu entwickeln, doch manchmal fällt es dir schwer, sie auch umzusetzen. Tue dich mit jemandem zusammen, dessen Talent in Verantwortungsgefühl besteht. Diese Person hilft dir, deinen Arbeitsplan zu erfüllen und Abgabetermine einzuhalten.

▶ Unterstütze einen Verein oder eine Gruppe, die gerade Hilfe braucht, weil es nicht so richtig läuft. Du hast viele Ideen und

Gedanken, wie man Projekte wieder in Schwung bringen kann. Oder gründe selbst eine Gruppe mit Leuten, denen das Denken Spaß macht. Dir fällt bestimmt etwas ein, welche Projekte du mit ihnen gemeinsam machen kannst.

▶ Suche dir ein Ehrenamt in einer Organisation, deren Leitung unterschiedliche Denkweisen unterstützt. Du denkst dir neue und gute Strategien aus und kannst vielleicht bei Planungstreffen helfen. Wenn es dir gelingt, die Organisationsleitung von deinen neuen Ansätzen zu überzeugen, könnte das später außerdem deiner Karriere nützlich sein.

▶ Du passt von Natur aus gut in die Abteilung Forschung und Entwicklung. Die Denkungsart von Visionären und Träumern löst bei dir Begeisterung aus. Gib deiner Vorstellungskraft Futter und verbringe Zeit mit deinen fantasiebegabten Freunden. Hospitiere bei ihren Brainstorming-Sessions. Welche von ihren Organisationen oder Vereinigungen spricht dich am meisten an?

▶ Suche dir Kurse, Vereine oder Projekte danach aus, ob sie zu deinen Interessen und Leidenschaften passen. Suche Vereinigungen, die ein kreatives Talent gebrauchen können. In Organisationen, die an Traditionen festhalten und sich vor Innovationen scheuen, fühlst du dich nicht wohl.

WETTBEWERBSORIENTIERUNG

Kampfgeist hat seinen Ursprung im Vergleich. Wir verfolgen aufmerksam die Leistung anderer und verwenden diese als Messlatte zur Beurteilung unserer eigenen Leistung. Denn es ist ganz klar, dass es letztendlich keine Rolle spielt, wie hart und mit welchen guten Vorsätzen man gearbeitet hat, wenn man zwar das Ziel erreicht, dabei aber von anderen mehrmals überrundet wird. Wie alle kämpferischen Naturen brauchst auch du andere Menschen, an denen du dich messen kannst. Aus dem Vergleich erwächst der Wunsch, es mit den anderen aufzunehmen, und weil du dich auf diesen Wettkampf einlässt, besteht auch die Möglichkeit, dass du als Sieger daraus hervorgehst. Eigentlich gibt es nichts, was du lieber tust, als zu siegen. Du hast nichts gegen alle möglichen Formen der Bewertung, weil sie den Vergleich erst objektiv machen. Genauso wenig hast du etwas gegen deine Konkurrenten, denn durch den Wettkampf mit ihnen wirst du erst so richtig stark. An Wettkämpfen gefällt dir, dass sie auf einen Sieg hinauslaufen. Ganz besonders gefallen dir Wettkämpfe, bei denen du als Sieger hervorgehen kannst. Du bist zwar freundlich zu deinen Konkurrenten und steckst auch Niederlagen mit stoischer Gelassenheit weg. Du kämpfst jedoch nicht um des Kämpfens willen, sondern du kämpfst, weil du gewinnen willst. Mit wachsender Erfahrung wirst du Wettkämpfen aus dem Weg gehen, bei denen du nur verlieren kannst.

Anregungen

- Finde heraus, wer Spitzenleistungen erbringt, und orientiere dich an dieser Person – mit ihr kannst du dich messen. Das kann ein Studien- oder Arbeitskollege sein, ein Teammitglied oder jemand, den du bewunderst. Du brauchst einen Maßstab, an dem du ermessen kannst, wie gut du bist.

- Was sind deine wichtigsten Ziele an der Uni oder in der Ausbildung? Entwickle ein System, anhand dessen du deine Fortschritte auf dem Weg zu deinem Ziel messen kannst. Deine Errungenschaften zu benennen, motiviert dich, sodass du produktive Spitzenleistungen, Können und eine hohe Qualität erreichen kannst.

- Finde heraus, wie die Noten für Anwesenheit, Referate, Forschungsaufgaben und Abschlussprüfungen gewichtet sind. Behalte ständig deine Bewertungen und deinen Status in der Klasse oder im Kurs im Blick. Dein Engagement hängt auch davon ab, wie deine Position in der Gruppe ist.

- Siehst du dich bei Vergleichen lieber als Einzelperson oder als Mitglied im Team? Willst du die Kontrolle über das Endergebnis haben, oder willst du diese Verantwortung mit anderen teilen? Suche dir nach diesem Kriterium einen Praktikumsplatz.

- Sprich mit jemandem von der Berufsberatung, und informiere dich über verschiedene Branchen. Was unterscheidet dich von den Menschen, die auf deinem Interessensgebiet erfolgreich sind? Worin seid ihr euch ähnlich? Was zeichnet sie aus? Ist es die Ausbildung, das Wissen, die Erfahrung?

- Finde heraus, was du noch brauchst, um ebenso erfolgreich wie sie zu sein. Wenn du dich also für einen Beruf entscheidest, hast du bereits einen Plan, wie du zu den Siegern gehören kannst.

- Erkläre deinen Mitbewohnern, Freunden, Studien- und Arbeitskollegen, dass du es dir nicht nehmen lässt, bei Plaudereien, Gruppendiskussionen oder Debatten das letzte Wort zu haben. Bitte sie, dich höflich darauf aufmerksam zu machen, wenn es Zeit ist, eine Pause einzulegen, um auch den anderen zuzuhören.

- Suche dir Partner, mit denen du dich regelmäßig zu »Wettkämpfen« verabredest. Indem ihr euch gegenseitig herausfordert, lernt ihr euch besser kennen und genießt gemeinsam eine Pause vom Lernen. Eure gemeinsamen Interessen bilden die Basis für eine lange Freundschaft.

- Tue dich mit jemandem zusammen, dessen Talent in Strategie steckt. Diese Person kann deine Erfolgschancen vergrößern, indem sie dir dabei hilft, Optionen zu durchdenken und auf Hindernisse zu achten, die sich dir in den Weg stellen könnten. Gemeinsam schmiedet ihr einen Schlachtplan für deinen Erfolg.

- Verabrede dich mit einer Freundin oder einem Freund zum Sport oder zum Laufen, so hast du einen Gegner, gegen den du antreten kannst. Einigt euch auf eine Zeit oder ein Ziel, und wer es zuerst erreicht, gewinnt. Nicht nur hast du Spaß an einem freundlich gemeinten Konkurrenzkampf, sondern bekommst auch noch ein wenig Bewegung.

- Überlege dir Strategien, wie du mit Niederlagen umgehst. So gewappnet nimmst du die nächste Herausforderung leichter an. Diese Strategien können aus Meditation, Yoga, Tagebuchschreiben oder Aufmerksamkeitsübungen bestehen.

- Such dir eine Sportart aus, in der du gegen andere antrittst. Vielleicht gibt es an deiner Uni oder in deinem Betrieb ein Sportteam, bei dem du mitmachen kannst. Das hat viele Vorteile: Du bekommst Bewegung, lernst neue Leute kennen und hast die Chance, gegen ein anderes Team anzutreten – und zu gewinnen.

- Kandidiere für einen Posten in der Studierendenvertretung, als Jahrgangssprecher oder Vereinsvorsitzende. Führe einen regelrechten Wahlkampf, um den Posten zu gewinnen.

- Ein Gewinnerteam hat Selbstbewusstsein, und das steckt an. Wie kannst du deinen anderen Teammitgliedern dabei helfen, das Beste aus sich herauszuholen? Koordiniere ihre Stärken mit ihren Aufgaben. Damit haben sie die besten Chancen, Erfolge zu erzielen und ihr Selbstbewusstsein zu stärken. Und wenn sie gewinnen, gewinnst du auch.

- Vergiss nicht, dass nicht alle mit jeder Aktivität so intensive Gefühle verbinden, wie du es tust. Achte darauf, dass du die Motive anderer für ihr Engagement akzeptierst und respektierst.

WIEDERHERSTELLUNG

Du löst für dein Leben gern Probleme. Während bestimmte Menschen angesichts von Dauerpannen zunehmend aus der Fassung geraten, wirst du bei wachsenden Problemen erst so richtig munter. Mit einem wahren Feuereifer machst du dich an die Fehleranalyse, findest heraus, wodurch die Störung verursacht wurde und wie diese beseitigt werden kann. Möglicherweise löst du lieber ganz praktische Probleme, oder du beschäftigst dich vorzugsweise mit Problemen auf intellektueller oder persönlicher Ebene. Vielleicht suchst du geradezu nach Problemen, mit denen du schon häufig konfrontiert warst und mit denen du deswegen umso schneller fertig wirst. Oder du findest es besonders aufregend, wenn du komplexen, völlig neuartigen Problemen gegenüberstehst. Hier hängen deine Vorlieben von deinen sonstigen Stärken und Erfahrungen ab. In jedem Fall bringst du die Dinge wieder zum Laufen. Es macht dich regelrecht glücklich, Fehler aufzuspüren, auszumerzen und dafür zu sorgen, dass alles wieder reibungslos funktioniert. Du bist dir dessen bewusst, dass ohne dein Eingreifen der Gegenstand deiner Bemühungen, unabhängig davon, ob es sich um eine Maschine, einen Menschen oder ein Unternehmen handelt, womöglich bereits nicht mehr lebensfähig beziehungsweise funktionstüchtig wäre. Du hast jedoch das Problem aus der Welt geschafft und die ursprüngliche Funktionsfähigkeit wiederhergestellt. Lebensrettung ist deine Spezialität.

Anregungen

- Sieh deine akademische oder berufliche Ausbildung als einen Weg, deine Fähigkeiten zu verbessern. Die Idee, dass du dein theoretisches und praktisches Wissen förderst, motiviert dich dazu, Lösungen zu finden, insbesondere wenn du auf deine Entwicklung zurückschaust.

- Wenn du eine Arbeit zurückbekommst, schau dir die Fragen an, die du nicht oder falsch beantwortet hast. Versuche, bei jeder dieser Fragen herauszufinden, ob es ein Muster gibt, nach dem du Fehler machst oder wo deine Wissenslücken sind. Wie kannst du dieses Problem lösen? Aber bei aller Reflexion deiner Fehler: Vergiss nicht zu feiern und dich über die richtigen Antworten zu freuen!

- Dein Talent Wiederherstellung blüht auf, wenn du dich mit der Diagnose von Problemen und der Suche nach Lösungen beschäftigst. Lass dich dabei beraten, welche Kurse oder Praktika sich mit Fehlersuche und Analyse beschäftigen.

- Was würdest du verbessern wollen? Wie stellst du es an? Sprich über diese Frage auch mit deinen Freunden, Dozenten, Kommilitonen oder Arbeitskollegen.

- Finde heraus, ob es in deinem Betrieb oder an deiner Uni eine Tradition gibt, die in Vergessenheit geraten ist und die einen positiven Beitrag leisten würde. Jahrgangstreffen sind eine gute Gelegenheit, um Bräuche und Riten aus der Vergangenheit aufzuspüren. Welche Gründe gab es für das Verschwinden der Tradition? Wie könntest du dafür sorgen, dass sie wieder aufleben?

- Manchmal läufst du Gefahr, dich zu sehr damit zu beschäftigen, was in Freundschaften und Beziehungen alles schiefläuft. Lass deine Freunde und deinen Partner wissen, dass du nicht nur auf Makel und Unzulänglichkeiten achtest.

- Von Natur aus fällt es dir leicht, mit Problemen umzugehen, aber das geht nicht allen so. Wissen deine Freunde und deine Familie eigentlich, wie gern du Probleme analysierst? Wenn das nicht der Fall ist, erzähl es ihnen. Biete ihnen deine Hilfe an, wenn sie bei Schwierigkeiten nicht weiterkommen. Du könntest ihnen tatkräftig zur Seite stehen, aber sie müssen wissen, dass du für sie da bist.

- Aufgrund deines Talents Wiederherstellung bist du manchmal zu hart zu dir selbst. Mach es dir selbst nicht so schwer. Wenn es dir nicht gelingt, ein Problem zu lösen, und du frustriert bist, wende dich an Freunde mit einer guten Vorstellungskraft. Mit ihrer Kreativität findest du andere Wege, eine schwierige Situation zu bewältigen.

- Dein Talent Wiederherstellung leistet dir nicht nur gute Dienste bei der Lösung von existierenden Problemen, es hilft dir auch, drohende Probleme zu erkennen und zu verhindern. Diese Voraussicht nützt dir, wenn es um finanzielle Fragen geht, etwa bei drohenden BAföG-Schulden. Sprich mit deinen Freunden darüber und biete ihnen deine Hilfe an, denn du bist für sie ein wertvoller Ratgeber.

- In Schlüsselsituationen kommt deine starke Seite zum Vorschein. Setz dein Talent zur Wiederherstellung ein, um einen Schlachtplan zu entwickeln, der deine Gesundheit oder die eines Freundes verbessert – sei es durch gesunde Ernährung oder durch mehr Sport.

- Es gehört zu deinem Selbstbild, mit jeder Situation fertig werden zu können. Doch nimm es nicht als Niederlage, wenn es dir einmal nicht gelingt, ein Problem zu lösen. Wende dich an deine

Freunde oder deine Familie, um Hindernisse zu überwinden, oder suche eine Beratungsstelle, wo man dir helfen kann.

- ▶ Arbeite ehrenamtlich in einer Organisation, die neuen Schwung braucht. Dir fällt es sehr leicht, die richtigen Maßnahmen zu ergreifen, um ihr wieder Lebendigkeit einzuhauchen.

- ▶ Vielleicht ist ein Denkmalschutzprojekt in deiner Stadt das Richtige für dich. In vielen Städten existieren Projekte, die der Verbesserung und Verschönerung von Bezirken dienen. Gerade historische Viertel werden mithilfe von städtischen Fördermitteln und manchmal mit Unterstützung der Universität saniert. Dazu sind Wissenschaftlerinnen, Bautischlerinnen, Historiker, Fundraiser und Verbindungspersonen nötig. In einer oder mehreren dieser Rollen kannst du dein Talent in einem größeren Rahmen einbringen.

WISSBEGIER

Du lernst leidenschaftlich gerne. Auf welchen Gegenstand sich deine Wissbegier konzentriert, ist von deinen übrigen Interessen und Erfahrungen abhängig. Mehr als für den Lernstoff oder das Lernergebnis interessierst du dich jedoch für den Lernprozess als solchen. Du findest es richtig aufregend, etwas zu lernen. Du schöpfst Kraft aus dem Prozess, mit dem du Unwissenheit in Kompetenz umwandelst. Das beginnt mit dem prickelnden Gefühl, das dich beim Kontakt mit den ersten Fakten ergreift, danach folgen die ersten Versuche, das Gelernte anzuwenden, hierauf folgt eine Zeit beharrlichen Übens, und als Krönung beherrschst du schließlich eine neue Fertigkeit. Dieser gesamte Prozess ist für dich schlicht unwiderstehlich. Kein Wunder, dass du überall, wo es etwas zu lernen gibt, mit großem Engagement bei der Sache bist, egal, ob es sich um Yoga, Klavierunterricht oder ein Aufbaustudium an der Universität handelt. In einer dynamischen Arbeitsumgebung, in der von dir erwartet wird, kurzfristig in ein neues Projekt einzusteigen und sich dafür eine Menge neues Wissen anzueignen, um anschließend flugs das nächste Projekt in Angriff zu nehmen, blühst du so richtig auf. Dies bedeutet nicht unbedingt, dass du auf einem bestimmten Gebiet zum Profi werden willst oder dass du nach gesellschaftlicher oder akademischer Anerkennung strebst. Der Lernprozess interessiert dich mehr als das Lernergebnis.

Anregungen

- Viel in wenig Zeit zu lernen, macht dir Spaß, es ist eine Herausforderung für dich. Vorsicht also vor Stagnation beim Lernen! Nutze die Chancen, dich anzustrengen, das können komplexe Themen für Hausarbeiten sein oder Seminare für Fortgeschrittene.

- Nutze dein Talent, um etwas über dich zu erfahren. Wie lernst du am besten? Beobachte deine Fortschritte hinsichtlich der Anforderungen für die Abschlussprüfungen. Achte darauf, inwiefern du dich im Laufe des Studiums oder deiner Ausbildung veränderst und weiterentwickelst. Lernen macht dir einfach Spaß, und welches Thema wäre spannender als du selbst?

- Finde Wege, um deinen Lernfortschritt zu verfolgen, um dich selbst zu motivieren. Was sind die Lernschritte in deinen Kursen, und welche Meilensteine musst du auf dem Weg zu den Abschlussprüfungen erreichen? Feiere, wenn du einen wichtigen Schritt geschafft hast. Gibt es solche formalen Abschnitte nicht, denk dir welche aus.

- Lernen war schon immer wichtig für dich und wird es immer sein. Vergiss nicht, dass du immer lernen wirst, auch wenn die Ausbildung oder die Uni schon hinter dir liegen. Notiere jetzt deine Erlebnisse, damit du sie, wenn du älter bist, nachlesen und dich an die Dinge erinnern kannst, die du gelernt hast.

- Dir ist der Prozess des Lernens derart wichtig, dass dir manchmal das Ergebnis gleichgültig ist. Aus diesem Grund hast du ein paar unfertige Projekte, die du »irgendwann mal« abschließen möchtest. Tue dich mit jemandem zusammen, dessen Talent in Tatkraft, Fokus oder Leistungsorientierung besteht. Diese Person wird dir helfen, deine Projekte fertigzustellen und so deine Ausbildung noch produktiver und zielgerichteter zu gestalten.

- Suche dir eines deiner Interessensgebiete aus und werde dort zur Expertin – sei es in einem akademischen Thema, beim Sport oder in darstellenden Künsten. So kannst du dein Bedürfnis stillen, auf einem Gebiet hohe Kompetenz zu haben. Setze dir selbst Ziele, um zu wissen, wann du ein bestimmtes Niveau erreicht hast. Mit deinem Können kannst du dein Spezialgebiet Freunden oder Arbeits- und Studienkollegen näherbringen, die sich dafür interessieren.

- Du kannst Veränderung bewegen. Manche Menschen werden von neuen Regeln oder Anforderungen abgeschreckt. Dennoch müssen sie sie vielleicht für einen Kurs beherrschen oder sich auf anderer Ebene weiterentwickeln. Deine Bereitschaft, neue Informationen aufzusaugen, hilft ihnen, ihre Ängste zu überwinden und einfach loszulegen.

- Recherchiere die nächsten Events an der Uni oder in deiner Stadt. Vielleicht wird ein Workshop für Finanzmanagement angeboten, oder es gibt einen Vortrag über gesunde Ernährung. Etwas über ein ganz neues Thema zu erfahren, ist immer spannend.

- Wenn du dich auf ein Thema stürzt oder dich auf deine Aufgaben konzentrierst, verlierst du leicht die Zeit aus den Augen. Um ungestört alle Zeit der Welt zu haben, plane das Lernen für die Tageszeit ein, an der du am wenigsten gestört bist. Dieser »Stundenplan« und reichlich Zeit zum Lernen helfen dir, deine Prüfungsangst zu reduzieren und an Selbstvertrauen zu gewinnen.

- Akzeptiere dein Bedürfnis zu lernen. Nutze die Recherchemöglichkeiten an der Uni und in deiner Stadt aus und probiere vielleicht etwas Neues aus. Möglicherweise stehen dir mehr Türen offen, als du glaubst. Es gibt so viele verschiedene Interessensgruppen, Vereinigungen, Clubs und Sportvereine. Nimm dir zum Ziel, jedes Jahr mindestens eine neue Freizeitaktivität auszuprobieren.

- Wie muss deine Arbeitsumgebung aussehen, damit du möglichst gut lernen kannst und dich dennoch nicht isoliert fühlst? Vielleicht lernst du am besten, indem du selbst unterrichtest? Nimm Gelegenheiten wahr, um Referate oder Präsentationen zu halten. Lernst du eher durch Aktivität, schau nach Workshops, in denen du Fertigkeiten oder ein Handwerk erlernen kannst. Brauchst du Stille, um zu reflektieren, weil du so am besten lernst, suche eine ruhige Ecke auf dem Campus oder in einem Park, in der du meditieren kannst.

- Man kann viel im Studium gewinnen, wenn man als Tutorin oder Tutor arbeitet. Frag deine Dozenten, ob sie solche Jobs anbieten. Anderen etwas beizubringen, vertieft dein eigenes Verständnis von intellektuellen Themen, Konzepten und Prinzipien – und deren Wertschätzung.

- Mach mit. Werde Mitglied in einer Studierendenvereinigung, im Chor, in einer Organisation, einem Team oder einem Club. Es macht dir Spaß, neue Leute kennenzulernen, die Organisation und ihre Ziele zu erkunden. Dein Talent Wissbegier sorgt dafür, dass du überall eine wichtige Rolle spielst.

ZUKUNFTSORIENTIERUNG

Fasziniert von der Zukunft, lässt du deinen Blick gerne über den Horizont hinausschweifen. Du malst dir bis ins Detail aus, welche aufregenden Möglichkeiten die Zukunft für dich bereithält. Es kann sich hier, in Abhängigkeit von deinen Stärken und Interessen, um die verschiedensten Dinge handeln, um ein optimiertes Produkt, ein reibungslos funktionierendes Arbeitsteam, ein besseres Leben oder eine bessere Welt, allein die Vorstellung wirkt in hohem Maße inspirierend auf dich und lässt dich deinem Ideal entgegeneilen. Du machst dir konkrete Vorstellungen davon, was dich in der Zukunft erwartet, und lässt dir deine Visionen nicht so leicht nehmen. Immer, wenn dir die Gegenwart niederdrückend erscheint und deine Mitmenschen außer bloßem Pragmatismus nichts im Sinn haben, ziehst du dich zu deinen Zukunftsvisionen zurück und schöpfst daraus neue Energie. Auch andere Menschen kannst du durch deine Visionen damit versorgen. Häufig interessieren sich deine Mitmenschen für deine Visionen und lassen sich auf diese Weise ihren Blickwinkel erweitern und neue Perspektiven eröffnen. Mach von dieser Möglichkeit Gebrauch. Wähle deine Worte sorgfältig und zeichne dein Bild von der Zukunft so plastisch wie möglich. Andere Menschen werden dir für die Hoffnung, die du in ihr Leben trägst, dankbar sein.

Anregungen

- Es fällt dir leicht, in die Zukunft zu schauen und zu sehen, was du später einmal machen wirst, aber vielleicht weißt du noch nicht genau, wie du dorthin kommst. Schließe dich mit jemandem zusammen, dessen Talent in Behutsamkeit oder Leistungsorientierung besteht, um die einzelnen Schritte zu planen, die dich deiner Vision näherbringen.

- Nutze deine Zukunftsorientierung, um dein Leben nach der Uni oder nach der Ausbildung zu planen. Stelle dir vor deinem inneren Auge deinen letzten Tag der Ausbildung oder der Uni vor. Was machst du dann? Welche Erfahrungen, Organisationen und Rollen kannst du in deinen Lebenslauf aufnehmen? Wohin geht es nach deinem Abschluss? In einen Job? Auf Weltreise? Oder machst du deinen Doktor?

- Deine Fähigkeit, dich in die Zukunft hineinzuversetzen, kann auch heißen, dass du nicht so sehr »im Hier und Jetzt« bist, wie es möglich wäre. Suche dir Freunde, deren Talente in Anpassungsfähigkeit, Kontext oder Positive Einstellung bestehen. Sie können dir näherbringen, wie man den Moment genießt.

- Die Ausbildung oder das Studium sind Phasen im Leben, in denen echte Freundschaften entstehen, die ein Leben lang halten. Umgib dich mit Menschen, die deine Werte, Hoffnungen und Träume teilen. Diese Zeit ist eine wundervolle Gelegenheit, ganz verschiedene Menschen kennenzulernen. Einer von ihnen könnte in deiner Zukunft eine wichtige Rolle spielen.

- Weil du alles Mögliche kommen siehst, solltest du darauf vorbereitet sein. Tue dich mit jemandem zusammen, der über viel Disziplin oder das Talent des Arrangeurs verfügt. Diese Person kann dir helfen, Ordnung in deine Zukunftspläne zu bringen.

▸ Manchmal ist es nötig, die Zukunft in treffenden Worten zu beschreiben. Arbeite mit Freunden oder Dozenten, deren Talente in Kommunikationsfähigkeit, Vorstellungskraft oder Kontaktfreudigkeit liegen, um an deinen Formulierungen zu feilen. Ihnen fallen lebendige Metaphern und Geschichten ein, mit denen sie andere von den Möglichkeiten der Zukunft überzeugen.

▸ Überlege erst, was deine Ziele sind, bevor du deine Kurse wählst oder dich für einen Schwerpunkt entscheidest. Wie gefragt wird dein Wunschberuf noch in zehn oder zwanzig Jahren sein? Mit verwandten akademischen Fächern oder Fortbildungen gelangst du vielleicht auch zu deinem Traumberuf. Weiterbildungen oder zusätzliche Qualifikationen steigern deine Berufschancen, du kannst dich mit ihnen profilieren, sie helfen bei Gehaltsverhandlungen und lenken bei einer Bewerbung die Aufmerksamkeit auf deinen Lebenslauf.

▸ Du sprichst lieber über die Potenziale als über Probleme, dennoch kannst du Menschen helfen, mögliche Hindernisse zu erkennen und zu vermeiden. Vielleicht beobachtest du bereits seit einiger Zeit, dass der Alkoholkonsum eines Freundes nicht unklug oder unvernünftig, sondern einfach verheerend ist. Oder deine intelligente und fleißige Mitbewohnerin will noch ihren Doktor machen, kommt aber jetzt schon nicht mit dem Geld aus, das sie hat. Andere Freunde wenden sich an dich, weil sie deinem Weitblick vertrauen. Doch vergiss nicht, auch für dich selbst Weitsicht walten zu lassen.

▸ Nutze dein Talent für Zukunftsorientierung, um den Stoff für die Abschlussprüfungen in kleinere Einheiten herunterzubrechen, und fang früh an zu lernen.

▸ Engagiere dich ehrenamtlich in einer Organisation, in der du schon heute die Zukunft gestalten kannst, indem du sie den anderen Mitgliedern in lebendigen Farben ausmalst. Zeig ihnen, welche Rolle ihnen dabei zukommt, diese Vision in die Realität umzusetzen.

- Mach bei einer Gruppe mit, die einen positiven Einfluss auf die Zukunft nimmt. Schau dir ihr Leitbild an, ob es mit deinen Werten übereinstimmt, bevor du einsteigst. Wenn das der Fall ist, bist du die richtige Person, die der Gruppe hilft, ihre Ziele zu erreichen.

- Du inspirierst deine Freunde und Studien- und Arbeitskollegen mit deinen Zukunftsvisionen. Wenn du sie beschreibst, gehe ins Detail und nutze eine lebendige Sprache und Metaphern, damit die anderen besser verstehen, worum deine vielfältigen Ideen kreisen. Konkretisiere deine Ideen und Strategien mit Skizzen, Schritt-für-Schritt-Plänen oder Modellen – dann können deine Freunde deinen Gedanken folgen.

- Steht eine Organisation, Gruppe oder ein Verein vor einem Wandel, nutze dein Talent Zukunftsorientierung, um ihnen zu helfen. Halte eine Präsentation oder schreibe einen Artikel, in dem du aufzeigst, wie diese Veränderungen im Kontext dazu stehen, was die Organisation in Zukunft brauchen wird. Dein Talent besteht darin, verschiedene Aspekte in Relation zueinander zu sehen. Außerdem hilfst du anderen, ihre aktuellen Unsicherheiten zu überwinden, um dann fast genauso freudig wie du auf die Zukunft und ihre Möglichkeiten zu schauen.

Dank

Dank an Don Clifton, den Vater der Stärken-Psychologie, dessen Erkenntnisse jedes Wort in diesem Buch inspiriert haben. Das gilt ebenso für die anderen Bücher, die bei Gallup erschienen sind und für die weltweite Bewegung, die auf den Strenghts basiert.

Dank an Tom Matson für seine profunden Einsichten in die Strenghts, für sein meisterhaftes Storytelling, seine Berichte und dafür, dass er Dons Lebenswerk auf jede Seite dieses Buches gebracht hat.

Dank an Jennifer Robison, deren redaktionelles Geschick und Schreibtalent sowie die seltene Gabe, eine spannendes Narrativ zu kreieren, wesentlich zu diesem Buch beigetragen haben.

Dank an die Tausenden Pädagogen, Ausbilder und akademischen Lehrkräfte, die jeden Tag das Leben ihrer Schülerinnen und Schüler, Studierenden und Auszubildenden prägen, weil sie ihnen helfen, die eigenen Stärken mit ihren Beziehungen, akademischen und beruflichen Karrieren und ihrem Leben in Einklang zu bringen. Besonderer Dank gilt Dr. Mike Finnegan, Grant Anderson und Kristin Brunkow. Jeden Tag setzen sie Dons Erbe sowie Best Practices und die Mentoring-Idee praktisch um.

Dank an Jim und Jon Clifton für ihre Leidenschaft, das Erbe ihres Vaters und Großvaters weiter umzusetzen, wovon weltweit Tausende von Colleges und Universitäten, deren Lehrkörper sowie Studierende profitieren. Beide brachten sich in diesem Buch intensiv ein, um sicherzustellen, dass Dons Vision Rechnung getragen wird. Für dieses Buch haben sie sich immer am stärksten eingesetzt.

Dank gilt Geoff Brewer für seine stete Unterstützung, seine Beratung und strategisches Denken sowie Seth Schuchman für seine

Leitung, seinen Glauben an das Buch und seine Vision. Darüber hinaus danken wir dem gesamten Presseteam bei Gallup, das jedes einzelne Wort und Detail auf Hochglanz brachte: Kelly Henry, Leigh Gobber, Beck MacCarville, Jessica Kennedy, Sam Allemang, Tim Dean und Jenni Gardner.

Dank an Dr. Jim Harter und Jim Asplund für ihre partnerschaftliche Unterstützung, ihre unglaubliche Expertise und die Fähigkeit, wissenschaftliche Erkenntnisse und Zahlen in etwas zu verwandeln, das Leben verändern kann.

Dank an Allyson Negrete, dass sie sich mit Verve darum kümmete, genau die richtigen Worte zu finden, um die Stärken als Handlungsaufforderung für ein erfolgreiches Leben zu formulieren.

Dank an Katie Lyon für fortwährende Leitung und Unterstützung für die Strengths in der Bildung.

Dank an die zahlreichen Mitarbeiterinnen und Mitarbeiter, für ihre Unterstützung, Gedanken, Leitung und Expertise: Paul Allen, Brandon Busteed, Benjamin Erikson-Farr, Kristin Gregory, Trista Kunce, Tom Melanson, Cara Meyer, Emily Meyer, Matt Mosser, Mark Pogue, Connie Rath, Tom Rath, Phil Ruhlman, Chris Sheehan, Lindsey Spehn, Ben Wigert und Anna Zelaya.

Die Aufgabe von Gallup Press ist es, für die Bildung und Information derjenigen Menschen zu sorgen, die die sieben Milliarden Erdenbürger regieren, managen, lehren und führen. Jedes Buch entspricht den Standards von Gallup bezüglich Integrität, Vertrauen und Unabhängigkeit und basiert auf von Gallup geprüfter Wissenschaft und Forschung.

Literatur

Busteed, B. u. Seymour, S. Many college graduates not equipped for workplace success. (23. September 2015)
https://www.gallup.com/education/243389/college-graduates-not-equipped-workplace-success.aspx
abgerufen am 22. Juli 2019

Caspi, A., Harrington, H., Milne, B., Amell, J. W., Theodore, R. F. u. Moffitt, T. E. (2003). Children's behavioral styles at age 3 are linked to their adult personality traits at age 26. Journal of Personality, 71(4), 495–514.

Clifton, D. O., Anderson, E. u. Schreiner, L. A. (2006). StrengthsQuest: Discover and develop your strengths in academics, career, and beyond. Washington, D. C.: Gallup Organization.

Clifton, D. O. u. Harter, J. K. (2003). Investing in Strengths. In K. S. Cameron, J. E. Dutton, & R. E. Quinn (Eds.), Positive organizational scholarship: foundations of a new discipline (pp. 111–121). San Francisco, CA: Berrett-Koehler.

Csikszentmihalyi, M. (1990). Flow: the psychology of optimal experience. New York: Harper & Row. Dt. Übersetzung: Das flow-Erlebnis. Jenseits von Angst und Langeweile – im Tun aufgehen. Klett-Cotta (2010).

Gallup. (o. D.). Aiming higher education at great jobs and great lives. http://www.gallup.com/services/170939/higher-education.aspx (abgerufen am 24. Januar 2017)

Gallup. (o. D.). Discover your strengths: CliftonStrengths. http://www.gallup.com/products/170957/clifton-strengthsfinder.aspx (abgerufen am 24. Januar 2017)

Gallup. (o. D.). Strengths: History.
http://strengths.gallup.com/110443/History.aspx (abgerufen am 24. Januar 2017)

Gallup, Purdue University u. Lumina. (2014). Great jobs, great lives: The 2014 Gallup-Purdue Index report. Omaha, NE: Gallup.

Harter, J. u. Arora, R. (5. Juni 2008). Social time crucial to daily emotional wellbeing in U.S. http://www.gallup.com/poll/107692/social-time-crucial-daily-emotional-wellbeing.aspx (abgerufen am 24. Januar 2017)

History of NHRRF: The Nebraska Human Resources Research Foundation. (o. D.). http://alec.unl.edu/nhri/history-nhrrf (abgerufen am 24. Januar 2017)

Irwin-Gish, S. (5. Juni 2015). Clifton Foundation, Gallup donate $30M to UNL CBA for Don Clifton Strengths Institute. http://newsroom.unl.edu/releases/2015/06/05/Clifton+Foundation,+Gallup+donate+$30M+to+UNL+CBA+for+Don+Clifton+Strengths+Institute (abgerufen am 24. Januar 2017)

Liesveld, R., Miller, J. A. u. Robison, J. (2005). Teach with your strengths: how great teachers inspire their students. New York: Gallup Press.

Rath, T. u. Conchie, B. (2008). Strengths based leadership: great leaders, teams, and why people follow. New York: Gallup Press.

Rath, T. u. Harter, J. (2010). Wellbeing: the five essential elements. New York: Gallup Press.

Rath, T. (2014). Entwickle deine Stärken: mit dem StrengthsFinder 2.0, München: Redline.

Rath, T. u. Harter, J. (22. Juli 2010). Your career wellbeing and your identity. http://www.gallup.com/businessjournal/127034/career-wellbeing-identity.aspx (abgerufen am 24. Januar 2017)

Rath, T. u. Harter, J. (19. August 2010). Your friends and your social wellbeing. http://www.gallup.com/businessjournal/127043/friends-social-wellbeing.aspx (abgerufen am 24. Januar 2017)

Saad, L. (29. August 2014). The »40-hour« workweek is actually longer — by seven hours. http://www.gallup.com/poll/175286/hour-workweek-actually-longer-seven-hours.aspx (abgerufen am 24. Januar 2017)

Smith, B. u. Rutigliano, T. (2003). Discover your sales strengths: how the world's greatest salespeople develop winning careers. New York: Warner Books.

Dein Zugang zum CliftonStrengths® Assessment:
Gehe ins Internet zur folgenden Adresse

press.gallup.com/code/de/csfs

und folge der Anleitung.

Dein individueller Code kann nur einmal verwendet werden.
Du findest ihn hinten auf der Innenseite des Buchdeckels.